建筑与市政工程施工现场八大员岗位读本

材 料 员

本书编委会 编写

中国建筑工业出版社

图书在版编目(CIP)数据

材料员/本书编委会编写. —北京：中国建筑工业出版社，2014.7
(建筑与市政工程施工现场八大员岗位读本)
ISBN 978-7-112-16795-1

Ⅰ.①材… Ⅱ.①本… Ⅲ.①建筑材料-岗位培训-自学参考资料 Ⅳ.①TU5

中国版本图书馆 CIP 数据核字(2014)第 088559 号

本书根据国家最新颁布实施的《建筑与市政工程施工现场专业人员职业标准》（JGJ/T 250—2011）以及工程建设有关的技术规范、标准为依据，结合工程应用的实际，将规范、标准要求具体化、系统化，使理论与实践有机地融为一体。主要介绍了材料员基础知识、材料计划管理、材料采购与验收管理、材料供应与运输管理、材料使用与存储管理、材料统计核算管理等内容。

本书可作为建筑工程材料管理人员的专业培训教材，也可作为建筑工程设计、施工人员参考用书。

* * *

本书配有教学课件，如有需要请发送邮件至 289052980@qq.com 索取。

责任编辑：武晓涛 张 磊
责任设计：董建平
责任校对：刘 钰 张 颖

建筑与市政工程施工现场八大员岗位读本
材 料 员
本书编委会 编写
*
中国建筑工业出版社出版、发行（北京西郊百万庄）
各地新华书店、建筑书店经销
北京红光制版公司制版
北京市书林印刷有限公司印刷
*

开本：787×1092 毫米 1/16 印张：13½ 字数：335 千字
2014 年 10 月第一版 2015 年 10 月第二次印刷
定价：30.00 元
ISBN 978-7-112-16795-1
(25502)

版权所有 翻印必究
如有印装质量问题，可寄本社退换
（邮政编码 100037）

编　委　会

主　编　刘　斌

副主编　吴　峰

参　编　于　涛　丁备战　万绕涛　勾永久

　　　　　左丹丹　刘思蕾　刘　洋　吕德龙

　　　　　邢丽娟　李　凤　李延红　李德建

　　　　　李　慧　闵祥义　张素敏　张　鹏

　　　　　张　静　赵长歌　孟红梅　周天华

　　　　　顾祖嘉　徐境鸿　梁东渊　韩广会

前 言

建筑材料是建筑工程的物质基础，是建筑工程项目的实体。工程材料质量的好坏，直接影响着整个建筑物质量等级、结构安全、外部造型和建成后的使用功能等。因此，要提高工程项目的质量，就必须狠抓工程材料的质量管理与控制。材料管理的目的是以物美价廉的材料满足施工和生产的需要，控制材料质量、减少材料消耗，在保证建筑工程质量的同时将材料成本控制在最低范围。随着建筑材料新技术的不断发展、新工艺的不断涌现，为了进一步健全和完善施工现场材料管理问题，不断提高材料员素质和工作水平，根据工程施工现场材料管理的实际需要，结合现行国家规范、标准，组织施工现场材料管理人员编写了此书。

为了加强建筑工程施工现场专业人员队伍建设，规范专业人员的职业能力评价，指导专业人员的使用与教育培训，确保工程质量和安全生产，住房和城乡建设部制定了《建筑与市政工程施工现场专业人员职业标准》（JGJ/T 250—2011），本文主要依据该标准及相关规范、条文，详细地介绍了建筑施工现场材料员应掌握的基础知识、岗位知识及专业技能。本书内容由浅入深、从理论到实践、涉及内容广泛、方便查阅、可操作性强。本书在编写过程中得到了安康市城乡建设规划局的大力支持，在此一并表示感谢！

本书可作为建筑工程材料管理人员的专业培训教材，也可作为建筑工程设计、施工人员参考用书。限于作者水平及阅历，加之编写时间仓促，书中错误及疏漏之处在所难免，恳请广大读者与专家批评指正。

目 录

1 材料员基础知识 ·· 1
  1.1 建筑材料的分类与性质 ··· 1
    1.1.1 建筑材料的分类 ··· 1
    1.1.2 建筑材料的性质 ··· 2
  1.2 材料消耗定额 ··· 7
    1.2.1 材料消耗定额的分类 ··· 7
    1.2.2 材料消耗定额的编制 ··· 9
    1.2.3 材料消耗定额管理的作用 ··· 12
    1.2.4 材料消耗定额管理的项目 ··· 13
  1.3 工程招标投标和合同管理 ·· 15
    1.3.1 工程招标投标 ··· 15
    1.3.2 工程合同管理 ··· 20
  1.4 材料管理基础 ··· 23
    1.4.1 材料员的工作程序 ·· 23
    1.4.2 材料管理的基本要求 ··· 24
    1.4.3 材料管理的内容 ··· 24
    1.4.4 材料管理的方法 ··· 25
    1.4.5 材料管理的任务 ··· 27
  1.5 材料员职业能力标准与评价 ··· 28
    1.5.1 材料员职业能力标准 ··· 28
    1.5.2 材料员职业能力评价 ··· 30

2 材料计划管理 ·· 32
  2.1 材料计划管理基础知识 ·· 32
    2.1.1 材料计划管理的含义 ··· 32
    2.1.2 材料计划的分类 ··· 32
    2.1.3 编制计划管理的任务 ··· 34
    2.1.4 影响材料计划管理的因素 ··· 35
  2.2 材料计划的编制 ··· 35
    2.2.1 材料计划的编制原则 ··· 35
    2.2.2 材料计划的编制准备 ··· 36
    2.2.3 材料计划的编制程序 ··· 36

目 录

  2.2.4 材料计划的编制方法 ····································· 37
  2.2.5 材料计划编制实例 ······································· 42
 2.3 材料计划的实施 ··· 45
  2.3.1 组织材料计划的实施 ····································· 45
  2.3.2 协调材料计划实施中出现的问题 ··························· 46
  2.3.3 建立材料计划分析和检查制度 ····························· 46
  2.3.4 材料计划的变更和修订 ··································· 47
  2.3.5 材料计划的执行效果的考核 ······························· 49
  2.3.6 材料计划实施分析实例 ··································· 49

3 材料采购与验收管理 ··· 51
 3.1 材料采购验收基础知识 ··· 51
  3.1.1 材料采购的概念 ··· 51
  3.1.2 材料采购的原则 ··· 51
  3.1.3 材料采购的影响因素 ····································· 51
  3.1.4 材料采购管理制度 ······································· 52
  3.1.5 材料验收基本要求 ······································· 53
 3.2 材料采购管理的内容 ··· 54
  3.2.1 材料采购信息的管理 ····································· 54
  3.2.2 材料采购及加工业务 ····································· 55
  3.2.3 材料采购合同的管理 ····································· 58
  3.2.4 材料采购资金管理 ······································· 63
  3.2.5 材料采购批量的管理 ····································· 64
  3.2.6 材料采购质量的管理 ····································· 66
 3.3 材料采购方式 ··· 67
  3.3.1 建设工程材料基本采购方式 ······························· 67
  3.3.2 建设工程材料主要采购方式 ······························· 69
  3.3.3 市场采购 ··· 71
  3.3.4 加工订货 ··· 73
  3.3.5 组织材料的其他方式 ····································· 73
 3.4 材料的验收管理 ··· 75
  3.4.1 材料验收基础知识 ······································· 75
  3.4.2 材料的取样检测 ··· 77
  3.4.3 建筑常用材料的验收方法 ································· 78

4 材料供应与运输管理 ··· 106
 4.1 材料供应与运输基础知识 ······································· 106
  4.1.1 材料供应的概念与特点 ··································· 106
  4.1.2 材料供应管理的原则 ····································· 107

　　　　4.1.3　材料供应管理的任务 …………………………………………………… 108
　　　　4.1.4　材料运输管理的作用与任务 …………………………………………… 108
　　4.2　材料供应管理的内容 ……………………………………………………………… 109
　　　　4.2.1　编制材料供应计划 ………………………………………………………… 109
　　　　4.2.2　材料供应计划的实施 ……………………………………………………… 110
　　　　4.2.3　材料供应情况的分析与考核 ……………………………………………… 110
　　4.3　材料供应方式 ……………………………………………………………………… 112
　　　　4.3.1　材料供应方式 ……………………………………………………………… 112
　　　　4.3.2　材料供应的数量控制方式 ………………………………………………… 114
　　　　4.3.3　材料的领用方式 …………………………………………………………… 114
　　　　4.3.4　影响供应方式选择的因素 ………………………………………………… 115
　　4.4　材料定额供应方法 ………………………………………………………………… 116
　　　　4.4.1　限额领料的形式 …………………………………………………………… 116
　　　　4.4.2　限额领料数量的确定 ……………………………………………………… 116
　　　　4.4.3　限额领料的程序 …………………………………………………………… 121
　　　　4.4.4　限额领料的核算 …………………………………………………………… 124
　　4.5　材料配套供应 ……………………………………………………………………… 124
　　　　4.5.1　材料配套供应应遵循的原则 ……………………………………………… 124
　　　　4.5.2　材料平衡配套方式 ………………………………………………………… 125
　　　　4.5.3　配套供应的方法 …………………………………………………………… 125
　　4.6　材料运输管理 ……………………………………………………………………… 126
　　　　4.6.1　材料运输方式 ……………………………………………………………… 126
　　　　4.6.2　材料运输合理化 …………………………………………………………… 130
　　　　4.6.3　材料运输计划的编制与实施 ……………………………………………… 132
　　　　4.6.4　材料的托运、装卸与领取 ………………………………………………… 134
5　材料使用与存储管理 ………………………………………………………………………… 137
　　5.1　材料的使用与存储基础知识 ……………………………………………………… 137
　　　　5.1.1　材料的使用管理的阶段 …………………………………………………… 137
　　　　5.1.2　材料储备的种类 …………………………………………………………… 138
　　　　5.1.3　影响材料储备的因素 ……………………………………………………… 140
　　5.2　材料储备定额的制定 ……………………………………………………………… 141
　　　　5.2.1　材料储备定额的作用与分类 ……………………………………………… 141
　　　　5.2.2　材料储备定额的制定 ……………………………………………………… 142
　　　　5.2.3　材料最高、最低储备定额 ………………………………………………… 146
　　　　5.2.4　材料储备定额的应用 ……………………………………………………… 146
　　5.3　材料的发放与耗用 ………………………………………………………………… 147
　　　　5.3.1　现场材料的发放 …………………………………………………………… 147

5.3.2 材料现场的耗用 ·· 150
5.4 周转材料的使用管理 ·· 153
　　5.4.1 周转材料使用管理基础知识 ······································ 154
　　5.4.2 周转材料的使用管理方法 ·· 155
　　5.4.3 常见周转材料的使用管理 ·· 159
5.5 工具的使用管理 ·· 161
　　5.5.1 施工工具的分类 ·· 161
　　5.5.2 工具施工管理的管理方法 ·· 162
5.6 材料储备管理 ·· 166
　　5.6.1 材料储备业务流程 ·· 166
　　5.6.2 材料验收入库 ·· 167
　　5.6.3 材料保管与堆放 ·· 169
　　5.6.4 易燃、易爆、易损及有毒有害材料的储存 ·························· 169
　　5.6.5 材料出库程序 ·· 170
　　5.6.6 仓库盘点的内容与方法 ·· 171
　　5.6.7 材料储备账务管理 ·· 173
　　5.6.8 建筑常用材料储备方法 ·· 174
5.7 库存控制与分析 ·· 177
　　5.7.1 库存量的控制方法 ·· 177
　　5.7.2 库存分析 ·· 179

6 材料统计核算管理 ·· 182
6.1 材料统计核算基础知识 ·· 182
　　6.1.1 材料核算的概念 ·· 182
　　6.1.2 材料核算的基础工作 ·· 182
6.2 材料核算的基本方法 ·· 183
　　6.2.1 工程成本的核算方法 ·· 183
　　6.2.2 工程成本材料费的核算 ·· 183
　　6.2.3 材料成本的分析 ·· 184
6.3 材料统计核算的内容 ·· 186
　　6.3.1 材料采购的核算 ·· 186
　　6.3.2 材料供应的核算 ·· 188
　　6.3.3 材料储备的核算 ·· 190
　　6.3.4 材料消耗量的核算 ·· 191
　　6.3.5 周转材料的核算 ·· 194
　　6.3.6 工具的核算 ·· 195

附录 与建筑材料相关的法律、法规 ······································ 197
　　附录A 《中华人民共和国建筑法》 ······································ 197

附录 B 《中华人民共和国招标投标法》 ………………………………… 198
附录 C 《中华人民共和国合同法》 …………………………………… 199
附录 D 《中华人民共和国产品质量法》 ……………………………… 202
附录 E 《建设工程安全生产管理条例》 ……………………………… 203
参考文献 ……………………………………………………………………… 205

1.1.2 建筑材料的性质

1. 建筑材料的物理性质

（1）与质量有关的性质

1）实际密度（简称密度）。实际密度（简称密度）指物体的质量与真实体积的比值，即材料在绝对密实状态下单位体积的质量，按式（1-1）计算：

$$\rho = \frac{m}{V} \tag{1-1}$$

式中 ρ——实际密度，g/cm^3；
m——材料在干燥状态下的质量，g；
V——材料在绝对密实状态下的体积，cm^3。

绝对密实状态下的体积，是指不包括材料内部孔隙的固体物质的真实体积。在常用建筑材料中，除了钢材、玻璃等少数接近于绝对密实的材料外，绝大多数材料都含有一些孔隙。

2）表观密度。表观密度又称为视密度，是指材料在自然状态下单位体积的质量，按式（1-2）计算：

$$\rho_0 = \frac{m}{V_0} \tag{1-2}$$

式中 ρ_0——表观密度，g/cm^3 或 kg/m^3；
m——材料的质量，g 或 kg；
V_0——材料在自然状态下的体积，或称表观体积，cm^3 或 m^3。

表观体积，是指包含材料内部孔隙在内的体积。对外形规则的材料，其几何体积即为表观体积；对外形不规则的材料，可用排液法测定，但在测定前，为防止测液进入材料内部孔隙而影响测定值，待测材料表面应用薄蜡层密封。

3）堆积密度。堆积密度一般指砂、碎石等的质量与堆积的实际体积的比值，也指散粒材料在疏松堆放状态下，单位体积的质量，按式（1-3）计算：

$$\rho'_0 = \frac{m}{V'_0} \tag{1-3}$$

式中 ρ'_0——堆积密度，kg/m^3；
m——材料的质量，kg；
V'_0——材料的堆积体积，m^3。

4）密实度。密实度是指材料总体积内被固体物质所充实的程度，即材料的绝对密实体积占总体积的比例。密实度反映了材料的致密程度，以 D 表示：

$$D = \frac{V}{V_0} \times 100\% = \frac{\rho_0}{\rho} \times 100\% \tag{1-4}$$

5）孔隙率。孔隙率是指固体材料总体积内孔隙体积所占材料总体积的比例，孔隙率常用%表示。孔隙率 P 可用式（1-5）计算：

$$P = \frac{V_0 - V}{V_0} \times 100\% = \left(1 - \frac{\rho_0}{\rho}\right) \times 100\% \tag{1-5}$$

孔隙率与密实度的关系为：

1 材料员基础知识

1.1 建筑材料的分类与性质

1.1.1 建筑材料的分类

建筑材料的种类繁多，可从不同角度对其进行分类。为有助于掌握不同建筑材料的基本性质，有必要简略地叙述一下不同的分类方法，见表1-1。

建筑材料的分类 表1-1

序号	分类依据	材料类别	主要内容
1	按使用历史分类	传统建筑材料	传统建筑材料是指使用历史较长的，如砖、瓦、砂、石及作为三大材料的水泥、钢材和木材等
		新型建筑材料	新型建筑材料是针对传统建筑材料而言，使用历史较短，尤其是新开发的建筑材料
2	按主要用途分类	结构性材料	结构性材料主要指用于构造建筑结构部分的承重材料，例如水泥、骨料（包括砂、石、轻骨料等）、混凝土外加剂、混凝土、砂浆、砖和砌块等墙体材料、钢筋及各种建筑钢材、市政工程中大量使用的沥青混凝土等，在建筑物中主要利用其具有一定力学性能
		功能性材料	功能性材料主要是指在建筑物中发挥除力学性能以外其他特长的材料，例如防水材料、建筑涂料、绝热材料、防火材料、建筑玻璃、防腐涂料、金属或塑料管道材料等，它们赋予建筑物以必要的防水功能、装饰效果、保温隔热功能、防火功能、维护和采光功能、防腐蚀功能及给排水等功能
3	按化学成分分类	无机材料	大部分使用历史较长的建筑材料属无机材料。无机材料又分为金属材料和非金属材料，前者如钢筋及各种建筑钢材（属黑色金属）、有色金属（如铜及铜合金、铝及铝合金）及其制品，后者如水泥、骨料（包括砂、石、轻骨料等）、混凝土、砂浆、砖和砌块等墙体材料、玻璃
		有机高分子材料	建筑涂料（无机涂料除外）、建筑塑料、混凝土外加剂、泡沫聚苯乙烯和泡沫聚氨酯等绝热材料、薄层防火涂料等
		复合材料	复合材料是指使用不同性能和功能的材料进行复合制成的性能更理想的材料，可以都是无机材料复合而成或都是有机材料复合而成，也可以由无机和有机材料复合而成

此外，还可以按照建筑材料的构造，将其分为匀质材料、非匀质材料和复合结构材料等。

$$D+P=1 \tag{1-6}$$

6）填充率。填充率指粒状材料在堆积体积中，被其颗粒填充的程度，用 D' 可用式（1-7）计算：

$$D'=\frac{V_0}{V'_0}\times 100\% \tag{1-7}$$

7）空隙率。空隙率指散粒材料在堆积体积内，颗粒之间空隙体积占堆积体积的百分率，空隙率越高，表观密度越低。空隙率可用 P' 表示。P' 值可用式（1-8）计算：

$$P'=\frac{V'_0-V_0}{V'_0}\times 100\%=\left(1-\frac{V_0}{V'_0}\right)\times 100\%$$

$$=\left(1-\frac{\rho'_0}{\rho_0}\right)\times 100\%=1-D' \tag{1-8}$$

式中，P' 可作为控制混凝土骨料级配与计算含砂率的依据。

（2）与水有关的性质

1）吸水性。吸水性是指材料在浸水状态下吸收水分的能力。吸水性的大小常用吸水率 W 来表示。吸水率又分为质量吸水率与体积吸水率两种。

质量吸水率：材料吸收水分的质量与材料烘干后质量的百分比。常按下式计算：

$$W_{\mathrm{m}}=\frac{m-m_{\mathrm{s}}}{m_{\mathrm{s}}}\times 100\% \tag{1-9}$$

体积吸水率：材料吸收水分的体积占烘干时自然体积的百分比。按下式计算：

$$W_{\mathrm{v}}=\frac{m-m_{\mathrm{s}}}{V}\times 100\% \tag{1-10}$$

式中 W_{m}——材料的质量吸水率，%；

W_{v}——材料的体积吸水率，%；

m——材料吸水饱和后的质量，g；

m_{s}——材料在烘干至恒重后的质量，g；

V——材料自然状态下的体积，cm^3。

对于加气混凝土、泡沫塑料、软木、海绵等轻质材料，由于材料本身具有很多微细、开口、连通的孔隙，其吸水后的质量往往比烘干时的质量大若干倍，计算出的质量吸水率将会超过 10%，因此，在这种情况下，最好选用体积吸水率来表示它们的吸水性。

2）吸湿性。材料在潮湿的空气中吸收空气中水分的性质称为吸湿性，吸湿性的大小常用含水率（或叫湿度）来表示。含水率是指材料所含水的质量占材料干燥时时质量的百分比，通常按下式计算：

$$W_{含}=\frac{m_{含}-m_{干}}{m_{干}}\times 100\% \tag{1-11}$$

式中 $W_{含}$——材料的含水率，%；

$m_{含}$——材料吸收水分后的质量，g；

$m_{干}$——材料干燥时的质量，g。

含水率的大小同样取决于材料本身的成分、组织构造等，并与周围空气的相对湿度和温度有关。气温愈低，相对湿度愈大，材料的含水率也就愈大，含湿状态也会导致材料性能上的多种变化。

材料的吸湿性对施工生产影响较大。例如，木材由于吸收或蒸发水分，往往造成翘曲、裂纹等缺陷；石灰、水泥等，因吸湿性较强，容易造成材料失效，从而导致经济损失。因此，不应忽视吸湿性对材料质量的影响。

3) 耐水性。耐水性指材料在吸水饱和状态下，不发生破坏，强度也不显著降低的性能。耐水性的大小常以软化系数 $K_软$ 来表示：

$$K_软 = \frac{R_饱}{R_干} \tag{1-12}$$

式中　$K_软$——材料的软化系数；

　　　$R_饱$——材料在吸水饱和状态下的抗压极限强度，MPa；

　　　$R_干$——材料在烘干至质量恒重状态下的抗压极限强度，MPa。

上式表明，$K_软$ 值的大小能够说明材料吸水后强度降低的程度。$K_软$ 值一般在 0~1 之间，$K_软$ 值越小，说明材料的耐水性越差，吸水后强度下降得越多。$K_软$ 值大于 0.80 的材料，通常可以认为是耐水的材料。

4) 抗冻性。抗冻性是材料在吸水饱和状态下，能经受多次冻结和融化作用（冻融循环）而不破坏，强度也无显著降低的性质。以试件能经受的冻融循环次数表示材料的抗冻等级。

冰冻对材料的破坏作用是由于材料孔隙内的水结冰时体积膨胀而引起。材料抗冻性的高低取决于材料的吸水饱和程度和材料对结冰时体积膨胀所产生的压力的抵抗能力。

抗冻性良好的材料，抵抗温度变化、干湿交替等风化作用的性能也强。所以抗冻性常作为矿物材料抵抗大气物理作用的一种耐久性指标。处于温暖地区的建筑物，虽无冰冻作用，为抵抗大气的风化作用，确保建筑物的耐久性，对材料往往也提出一定的抗冻性要求。

5) 抗渗性。抗渗性是指材料在水、油、酒精等液体压力作用下抵抗液体渗透的性质。材料的抗渗性能常用"抗渗等级"来划分。抗渗等级是在标准试验方法下，以材料不透水时所能承受的最大水压力（MPa）来确定的。若某材料能够抵抗 1.0MPa 的压力水，则其抗渗等级记作 P_{10}。抗渗性也常用"渗透系数" K 来表示，按下式计算：

$$K = \frac{Q}{At} \cdot \frac{d}{H} \tag{1-13}$$

式中　K——渗透系数，cm/h；

　　　Q——渗水量，cm³；

　　　A——渗水面积，cm²；

　　　d——试件厚度，cm；

　　　H——水头差，cm；

　　　t——渗水时间，h。

材料的渗透系数反映了材料抵抗压力水渗透的性质，渗透系数越大，材料的抗渗性越差。材料抗渗性能的好坏，与材料的孔隙率、孔隙特征有关。

(3) 与热有关的性质

1) 导热性。材料传导热量的能力，称为导热性。材料导热能力的大小常用热导率 λ 表示。

试验证明，材料传导的热量与热传导面积、热传导时间及材料两侧表面的温差成正比，与材料的厚度成反比，如图1-1所示。

设材料的厚度为a，面积为A，两侧表面的温度分别为t_1、t_2，经Z小时后通过面积A的总热量为Q，则材料传导热量的大小可用下式表示：

$$Q = \lambda \times \frac{AZ(t_2 - t_1)}{a} \tag{1-14}$$

$$\lambda = \frac{Qa}{AZ(t_2 - t_1)} \tag{1-15}$$

式中　λ——材料的热导率，W/(m·K)；
　　　Q——材料传导的热量，J；
　　　a——材料的厚度，m；
　　　A——热传导的面积，m²；
　　　Z——热传导时间，h；
　　t_2-t_1——材料两侧面的温差，K。

热导率是评定材料绝热性能的重要指标。它的物理意义是：在规定的传热条件下，单位厚度的均质材料，当其两侧表面的温差为1K时，在单位时间内通过单位面积的热量。

影响材料热导率的因素很多，λ值的大小与材料内部孔隙构造、含水率等有着密切的关系。材料的孔隙率越大，热导率就越小，材料的保温、隔热性能就越好。粗大或贯通孔隙，因孔内气体产生对流而使热导率增大，所以，孔隙形状为细微而封闭的材料，其热导率较小。

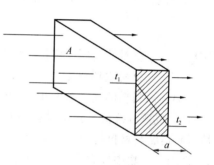

图1-1　材料导热示意图

2）比热容和热容量。比热容和热容量指材料在受热（或冷却）时能够吸收（或放出）热量的性质。热容量的大小常用比热容c（也称热容量系数，简称比热）来表示。材料吸收或放出的热量与其质量、温差均成正比，用下式表示：

$$Q = cm(t_2 - t_1) \tag{1-16}$$

式中　Q——材料吸收或放出的热量，J；
　　　c——材料的比热容，J/(g·K)；
　　　m——材料的质量，g；
　　t_2-t_1——材料受热或冷却前后的温差，K。

由上式可知，比热容c的计算公式为：

$$c = \frac{Q}{m(t_2 - t_1)} \tag{1-17}$$

比热容表示1g材料温度升高（降低）1K时所吸收（放出）的热量。材料的比热容c与其质量m的乘积cm，称为材料的热容量值。它表示材料在温度升高或降低1K时所吸收或放出的热量。热容量值大的材料，能在热流变动或采暖设备供热不均匀时，缓和室内的温度波动。

2. 建筑材料的力学性质

(1) 力学强度

强度是指材料在外力（荷载）作用下抵抗破坏的能力。当材料承受外力作用时，内部就产生了应力，随着外力的逐渐增加，应力也相应地增大，直到材料内部质点间的作用力已不能抵抗这种应力时，材料即产生破坏，此时的极限应力值就是材料的极限强度，常用 R 来表示。

材料的强度一般是通过破坏性试验测定。将试件放在材料试验机上，施加荷载，直至破坏，根据材料在破坏时的荷载，计算出材料的强度。由于材料强度的测定工作一般是在静力试验中进行的，所以常称为静力强度，对静力强度的值，每个国家都规定有统一的标准试验方法。

根据外力作用方式的不同，材料强度可分为抗压强度、抗拉强度、抗弯（抗折）强度、抗剪强度四种。图 1-2 中列举了几种强度试验时的受力装置，它们很直观地反映了外力的作用形式和所测强度的类别。

材料的抗压、抗拉、抗剪强度均可用下式计算：

$$R = \frac{F}{A} \tag{1-18}$$

式中　R——材料的抗压、抗拉、抗剪极限强度，MPa；
　　　F——材料达到破坏时的最大荷载，N；
　　　A——材料的受力截面积，mm^2。

材料抗弯（抗折）强度是指材料在外力作用下抗弯曲（折断）的强度。材料的抗弯（抗折）强度与材料的受力情况有关，现以材料试验中最常采用的方法为例，如图 1-3 所示，即当一个集中外力作用于试件跨中一点，且试件的截面为矩形（包括正方形）时，其抗弯（抗折）强度由下式计算：

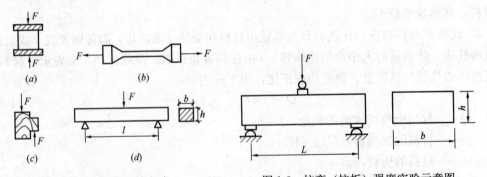

图 1-2　强度试验方式
(a) 抗压；(b) 抗拉；(c) 抗剪；(d) 抗弯

图 1-3　抗弯（抗折）强度实验示意图

$$R_{弯} = \frac{3FL}{2bh^2} \tag{1-19}$$

式中　$R_{弯}$——材料的抗弯（抗折）极限强度，MPa；
　　　F——受弯试件达到破坏时的荷载，N；
　　　L——试件两支点间的距离，mm；
　　　b——试件截面的宽度，mm；

h——试件截面的高度,mm。

材料的强度大小主要取决于材料本身的成分、结构和构造。不同种类的材料具有不同的强度值,即使是同种类的材料,由于孔隙率及孔隙构造特征的不同,材料表现出的强度性能也都有所不同。疏松及孔隙率较大的材料,其质点间的联系较弱,有效受力面积较小,故强度较低。孔隙率越大,材料的强度越低。某些具有层状或纤维状构造的材料,往往由于受力方向不同,所表现出的强度性能也不同。

为了对不同的材料强度进行比较,可以采用比强度,比强度即材料的抗压强度与其密度之比。它是衡量材料轻质高强的性能的一个重要指标,比强度的值越大,说明材料的轻质高强性能越好。

(2)力学变形

1)弹性变形。材料受外力作用而发生变形,外力去掉后能完全恢复原来形状,这种变形称为弹性变形。材料的弹性变形曲线,如图1-4所示。材料的弹性变形与外力(荷载)正比。

2)塑性变形。材料受外力作用而发生变形,外力去掉后不能恢复的变形称为塑性变形(永久变形)。

许多材料受力不大时,仅产生弹性变形;受力超过一定限度后,即产生塑性变形,如建筑钢材。有的材料在受力时弹性变形和塑性变形同时产生,如图1-5所示。如果取消外力,弹性变形ab可以消失,而其塑性变形Ob不能消失,如混凝土。

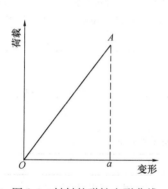
图1-4 材料的弹性变形曲线

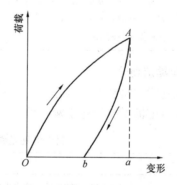
图1-5 材料的弹塑性变形曲线

1.2 材料消耗定额

材料消耗定额是指在节约和合理使用材料的条件下,生产单位生产合格产品所需要消耗一定品种规格的材料、半成品、配件和水、电、燃料等的数量标准,包括材料的使用量和必要的工艺性损耗及废料数量。

1.2.1 材料消耗定额的分类

1. 按用途划分

材料消耗定额按用途可将其分为材料消耗概(预)算定额、材料消耗施工定额及材料消耗估算指标,见表1-2。

材料消耗定额按用途划分 表1-2

序号	类别	内　容
1	材料消耗概（预）算定额	材料消耗概（预）算定额是由各省市基建主管部门在一定时期执行的标准设计（或典型设计），按建筑安装工程施工及验收规范、质量评定标准及安全操作规程，并结合当地社会劳动消耗的平均水平与合理的施工组织设计和施工条件进行编制的。 (1) 材料消耗概算定额用来估算建筑工程的材料需用量，为编制材料备料计划提供依据； (2) 材料消耗预算定额用于编制施工图预算，若企业用于编制材料计划，供内部施工生产使用，则可根据实际情况需要调整
2	材料消耗施工定额	材料消耗施工定额是由建筑企业自行编制的。它是结合本企业在目前条件下有可能达到的水平而确定的材料消耗标准。它反映了企业管理水平、工艺水平及技术水平。材料消耗施工定额是材料消耗定额中最细的定额，具体反映了每个部位（分项）工程中每一操作项目所需材料的品种、规格及数量。 (1) 材料消耗施工定额是建设项目施工中编制材料需用计划与组织定额供料的依据； (2) 企业内部实行经济核算和进行经济活动分析的基础； (3) 材料部门进行两算对比的内容之一； (4) 企业内部考核的依据
3	材料消耗估算指标	材料消耗估算指标是在材料消耗概（预）算定额的基础上，用扩大的结构项目形式来表示的一种定额。一般它是在施工技术资料不全，且有较多不确定因素的条件下，用来估算某项工程或某类工程、某个部门的建筑工程所需主要材料的数量。 材料消耗估算指标是非技术性定额，所以不能用于指导施工生产，而主要应用于审核材料计划，考核材料消耗水平，是编制初步概算、控制经济指标、编制年度材料计划和备料、匡算主要材料需用量的依据

2. 按材料类别划分

材料消耗定额按材料类别可分为主要材料（结构件）消耗定额、周转材料（低值易耗品）消耗定额及辅助材料消耗定额，见表1-3。

材料消耗定额按材料类别划分 表1-3

序号	类别	内　容
1	主要材料（结构件）消耗定额	主要材料（结构件）即为直接用于建筑上构成工程实体的各项材料。这些材料一般为一次性消耗，其费用占材料费用较大的比重。主要材料消耗定额按品种进行确定，它由构成工程实体的净用量与合理损耗量组成，即： 　　　　主要材料消耗定额＝净用量＋合理损耗量　　　　　　　　　　(1-20)
2	周转材料（低值易耗品）消耗定额	周转材料（低值易耗品）即在施工过程中可以多次周转使用，又基本上保持原有形态的工具性材料。周转材料经过多次使用，每次使用都会有一定的损耗，直至其失去使用价值。周转材料消耗定额与周转材料需用数量及该周转材料周转次数有关，即： 　　　　周转材料消耗定额＝$\dfrac{周转材料需用数量}{该周转材料周转次数}$　　　　　　(1-21)
3	辅助材料消耗定额	辅助材料不直接构成工程的实体，用量较少，但品种多且复杂，常通过主要材料间接确定，在预算定额中一般不列出品种，只列出其他材料费。辅助材料中的不同材料有不同特点，因此辅助材料消耗定额可按分部分项工程的单位工程量计算出辅助材料货币量消耗定额；也可按完成建筑安装工作量（或建筑面积）来计算出辅助材料货币量消耗定额；还可按操作工人每日消耗辅助材料数量来计算辅助材料货币量消耗定额

3. 按适用范围不同划分

材料消耗定额按定额适用范围不同分为附属生产材料消耗定额、建筑工程材料消耗定额及维修用材料消耗定额，见表1-4。

材料消耗定额按定额适用范围不同划分　　　　　　　　　表1-4

序号	类别	内容
1	附属生产材料消耗定额	建筑企业所属附属企业生产的材料消耗定额
2	建筑工程材料消耗定额	建筑企业施工用材料的定额。如材料消耗概算定额、预算定额及施工定额均属于这一类，是材料管理工作的主要定额
3	维修用材料消耗定额	建筑企业再生产经营活动中，为保证设备等正常运转，在维修时消耗各种材料的定额

1.2.2 材料消耗定额的编制

1. 材料消耗定额的构成

（1）材料消耗的构成

为了清楚材料消耗定额的构成，需先分析材料消耗的构成。在整个施工过程中材料消耗的去向见表1-5。

材料消耗的构成　　　　　　　　　表1-5

序号	组成部分	内容
1	有效消耗	有效消耗即直接构成工程实体的材料净用量
2	工艺损耗	工艺损耗即由于工艺原因，在施工准备过程中发生的损耗，也称施工损耗，包括操作损耗、余料损耗及废品损耗。工艺性损耗的特点是在施工过程中不可避免地要发生，但随着技术水平的提高，可减少到最低程度
3	管理损耗	管理损耗也称非工艺性损耗。如在运输、储存保管方面发生的材料损耗；供应条件不符合要求而产生的损耗；其他管理不善造成的损耗等。非工艺损耗的特点也是很难完全避免的，损耗量的大小与生产技术水平及组织管理水平密切相关

（2）材料消耗定额的构成

材料消耗定额的实质，就是材料消耗量的限额。一般由有效消耗和合理损耗组成。材料消耗定额的有效消耗部分是固定的，所不同的只是合理损耗部分。

1）材料消耗施工定额的构成：

$$材料消耗施工定额＝有效消耗＋合理的工艺损耗 \qquad (1-22)$$

材料消耗施工定额主要用于企业内部施工现场的材料耗用管理，因而一般不包括管理损耗。当然，这也不是绝对的。随着材料使用单位（工程承包单位）承包范围的扩大，材料消耗施工定额则应包含相应的管理损耗。

2）材料消耗预（概）算定额的构成：

$$材料消耗预（概）算定额＝有效消耗＋合理的工艺损耗＋合理的管理损耗 \qquad (1-23)$$

材料消耗预（概）算定额是地区的平均消耗标准，反映建筑企业完成建筑产品生产全过程的材料消耗平均水平。建筑产品生产的全过程，涉及各项管理活动，材料消耗预（概）算定额不仅应包括有效消耗与工艺损耗，还应包括管理损耗。

2. 材料消耗定额的制定要求

（1）定质

定质是对建筑工程（或产品）所需材料的品种、规格、质量，作正确的选择，一定要达到技术上可靠、经济上合理和采购供应上的可能。具体考虑的要求为：品种、规格和质量都要符合工程或产品的技术设计要求，有良好的工艺性能、便于操作，有利于提高工效；采用通用标准产品，尽可能避免使用稀缺昂贵材料。

（2）定量

定量的关键是损耗。消耗定额中的净用量通常是不变的量。定额的先进性主要反映在对损耗量的合理判断，也就是如何科学、正确、合理地判断损耗量的大小。

3. 材料消耗定额的制定方法

材料消耗定额的制定方法见表1-6。

材料消耗定额的制定方法　　　　　　表1-6

序号	类别	内容
1	技术分析法	技术分析法指结合施工图纸、设计资料、施工规范、工艺流程、材料品种、设备要求、规格等资料，采取一定方法计算材料消耗量的方法
2	标准试验法	标准试验法指在实验室用专门仪器设备测试来确定材料消耗量的方法。在标准条件下，试验确定的材料消耗量还需按实际条件作相应调整。这种方法适用于砂浆、混凝土及沥青柔性防水屋面等复合材料消耗量的测定
3	统计分析法	统计分析法是指按某分项工程实际材料消耗量与完成的实物工程量统计的数量，来求出平均消耗量。在此基础上，根据计划期与原统计期的不同因素做相应调整后，再确定材料消耗定额
4	经验估算法	经验估算法是根据有关制定定额的业务人员、操作者、技术人员的经验或已有资料，通过估算制定材料消耗定额的方法。估算法的优点是实践性强、简便易行、制定迅速；缺点是只有估算，没有精确计算，由于受到制定者的主观影响，估计结果因人而异，准确度较。 通常用于急需临时估算，或无统计资料或虽有消耗量但不易计算的情况。这种方法也称"估工估料"，应用仍较普遍
5	现场测定法	现场测定法是指组织有经验的施工人员、技术工人及业务人员，在现场实际操作过程中对完成单一产品的材料消耗作实地观察和查定及写实记录，用于制定定额的方法。优点是目睹现实、真实可靠、容易发现问题，利于消除一部分消耗不合理的浪费因素，提供可靠的数据与资料。但工作量大，在具体施工操作中实测较难，还不可避免地会受到工艺技术条件、施工环境因素及参测人员水平等因素的限制

4. 材料消耗定额的编制步骤

（1）计算净用量

净用量是组成材料消耗定额的主要内容，有两种确定方法：

1）分项工程只有一种主要材料，如铝合金门窗制作与安装玻璃窗等，可直接根据施工图纸来计算净用量。

2）分项工程由多种材料组成，如砌砖工程与混凝土工程，首先要确定各种主要材料的比例，再根据施工图纸与主要材料比例来计算其净用量。

（2）确定损耗率

根据施工工艺、材料质量、施工规范、设备要求、历史资料及管理水平测算损耗率。

$$管理损耗率＝（管理损耗量÷消耗总量）\times 100\% \quad (1-24)$$

$$工艺损耗率＝（工艺损耗量÷消耗总量）\times 100\% \quad (1-25)$$

（3）计算材料消耗定额

$$材料消耗预算定额＝净用量÷(1－损耗率) \quad (1-26)$$

$$材料消耗施工定额＝材料消耗预算定额\times(1－管理损耗率) \quad (1-27)$$

5. 材料消耗定额编制实例

【**例 1-1**】 已知现浇钢筋混凝土梁，用 42.5 级普通硅酸盐水泥、5～40mm 碎石，中砂，要求混凝土强度等级为 C30，试确定其材料消耗定额。

【**解**】

（1）计算净用量

浇注 1m³ 梁的混凝土净用量为 1m³，按相关技术要求得 C30 混凝土材料配合比为：42.5 级水泥 320kg、中砂 1.01m³、碎石 0.88m³。

（2）确定损耗率

根据有关资料得，现浇混凝土梁的工艺损耗率为 1.2%，水泥管理损耗率为 1.3%，黄砂管理损耗率为 1.5%，碎石管理损耗率为 3%。

（3）计算混凝土梁的材料消耗预算定额

1）混凝土净用量：

$$1/(1-1.2\%)=1.012 m^3$$

2）42.5 级水泥定额用量：

$$320\times1.012/(1-1.3\%)=320.37 kg$$

3）碎石定额用量：

$$0.88\times1.012/(1-3\%)=0.92 m^3$$

4）中砂定额用量：

$$1.01\times1.012/(1-1.5\%)=1.04 m^3$$

（4）计算混凝土梁的材料消耗施工定额

1）42.5 级水泥定额量：

$$320.37\times(1-1.3\%)=31.21 kg$$

2）中砂定额量：

$$1.04\times(1-1.5\%)=1.02 m^3$$

3）碎石定额量：

$$0.92\times(1-3\%)=0.89 m^3$$

【**例 1-2**】 已知砌标准砖混水墙用 M5 混合砂浆砌筑，其用料见表 1-7。水平及垂直灰缝为 10mm。标准砖规格为 240mm×115mm×53mm。试计算材料消耗预算定额。

每立方米常用砌筑砂浆配合比   表1-7

种　类	砂浆强度等级	42.5级水泥（kg）	砂（kg）	石灰膏（kg）
水泥砂浆	M10	360	1440	—
混合砂浆	M10	315	1450	90
混合砂浆	M7.5	247	1410	94
混合砂浆	M5	204	1378	146
混合砂浆	M2.5	150	1358	290

【解】

（1）计算每立方米砖墙用砖数

对于一砖混水墙，$A=\dfrac{1}{(0.24+0.01)\times(0.053+0.01)\times 0.24}=529$ 块砖净用量/m³砌体。

（2）计算砂浆

$$24\times 0.115\times 0.053=0.2262\text{m}^3$$

砌筑砂浆损耗率为1.5%。

$$砂浆定额用量=\dfrac{0.2262}{1-1.5\%}=0.2296\text{m}^3$$

查表1-7得每立方米M5号混合砂浆的用料如下：

42.5级水泥204kg，砂（中粗）1378kg，石灰膏146kg。

（3）材料损耗率

分别为42.5级水泥1.3%，砂（中粗）4.5%（过筛），石灰膏1%，标准砖（一砖墙身）1.3%。

（4）材料消耗预算定额

1）42.5级水泥：

$$\dfrac{0.2296\times 204}{1-1.3\%}=47.46\text{kg}$$

2）砂（中粗）：

$$\dfrac{0.2296\times 1378}{1-4.5\%}=331.30\text{kg}$$

3）石灰膏：

$$\dfrac{0.2296\times 146}{1-1\%}=33.86\text{kg}$$

4）标准砖：

$$\dfrac{529}{1-1.3\%}=536\text{块}$$

1.2.3 材料消耗定额管理的作用

1. 编制材料计划的基础

编制材料计划，必须清楚工程所需各种材料的数量，才能有的放矢地开展工作。施工生产中所需材料的数量，是根据实物工程量和材料消耗定额计算出来的。离开了材料消耗定额，材料计划也就失去了标准和依据。

2. 控制材料消耗的依据

为了控制材料消耗，建筑企业普遍实行限额用料制度。各种材料的用料限额，由材料消耗定额确定。材料消耗定额是在工程实践的基础上，采用数理统计分析等科学方法，经过多次测算制定，代表了企业材料消耗的平均水平。可以保证在合理的消耗范围内用料。

3. 推行经济责任制的重要条件

实行经济责任制的重要内容之一，是要确定耗用材料的经济责任。依据材料消耗定额计算工程材料需用量，作为材料消耗的标准，根据承包者耗用材料的节超情况，分别奖励或惩罚。

4. 加强经济核算的基础

材料核算是建筑企业经济核算的主要内容之一。材料核算中必须以材料消耗定额作为标准，分析工程施工实际材料耗用水平，材料成本的节约或超支情况，找到降低材料成本的途径。

5. 提高经营管理水平的重要手段

材料消耗定额是建筑企业经营管理的基础工作之一。通过材料消耗定额的管理，促使企业有关部门研究物资管理工作，改善施工组织方法，改进操作技术，提高企业的经营管理水平。

1.2.4 材料消耗定额管理的项目

1. 建立和健全材料消耗定额管理组织体制

加强材料消耗定额管理，首先要从组织体制抓起，建立各级材料定额管理机构。

材料定额管理机构的任务是拟定有关材料消耗定额的政策和规定，组织编制或审批材料消耗定额，监督材料定额的执行，定期修订定额，负责材料定额的解释。

各级材料定额管理机构还应配备专职或兼职材料定额管理员，使物化劳动的消耗定额与活动的消耗定额一样有人管，负责材料消耗定额的解释和业务指导；经常检查定额使用情况，发现问题，及时纠正；做好定额考核工作；收集积累有关定额资料，以便修订调整定额。

2. 做好材料消耗定额的制定和补充工作

建筑企业材料消耗定额的制定和补充工作应落实到职能部门，将其作为该职能部门的正常业务工作。这要求有关人员熟悉和研究材料消耗定额的编制原则和方法，对不能满足实际要求的材料消耗定额进行定期修订和补充。

材料消耗定额很难一次编齐、编全，往往需要在执行中逐步齐备。有的项目可能在制定时遗漏了，有的项目可能随着技术工艺的不断进步而产生。应根据制定定额的基本原则和方法，及时调查研究，收集资料，及时拟定补充定额。

3. 材料消耗定额的修订

（1）找到需要修改定额的实际原因。如施工条件能不能满足定额中规定的要求、定额水平是否脱离实际可能（或定额用量要求过严）、失去了一定的约束力，质量要求是否符合实际需要等。通过调查，针对其具体原因找到解决问题的办法。

（2）掌握原始数据。平时在实际施工中要常常注意原始消耗资料的积累，以作为修订定额的原始依据。

（3）正确做好修改定额的计算，使修订后的定额符合工程实际需要，推动施工生产的发展。

（4）修订的定额一定要按规定程序，报经上级批准后再执行，如随便修改，没有经过一定的审批程序，即失去了定额应有的严肃性。

在修订材料消耗定额的过程中，应由技术、施工及材料等有关部门共同研究解决，作技术和经济上的综合处理。

如抹灰工程，处理抹灰工程材料超用现象，需从以下三方面着手研究，进行处理。

1）抓上道工序的质量。砌墙的质量不符合标准是造成粉刷材料超耗的重要原因，一定要把墙面垂直度与平整度抓好，严格质量和操作工艺的检查，严格质量与操作规程的贯彻，以保证墙体工程质量优良，并为抹灰工程施工创造良好的条件。

2）做好工程检查工作。在墙体工程完工后，应组织一次实地检查，对局部高低不平，安排力量进行修补，使墙面恢复平整，再进行抹灰。虽然多花了人工，但可以减少粉刷厚度，节约材料，还是合理的。根据某单位某年统计资料，全年抹灰工程量为 1245 万 m^2，如平均用超厚 3mm 估算，将多用抹灰砂浆 3.7 万 m^3，损失约 200 万元，且实际超厚，常常不止此数，要引起足够的重视。

3）修订定额。墙面处理后，如仍不符合规定要求达到的定额消耗水平，由施工、技术与材料等部门共同商讨修订消耗定额，要注意实事求是，科学测算，并按照规定的审批手续报请批准。

4. 材料消耗定额的调整

（1）工程设计的要求与定额规定的条件不相符时，可按工程设计的要求，对比定额规定条件，做出相应的调整。如抹灰和楼地面面层的厚度，工程设计由于某种原因，要求大于定额规定厚度时，可按增加部分调整材料消耗定额。

（2）使用材料的规格与材料消耗定额规定不相符时，可调整定额。如定额规定混凝土的细骨料，以中、粗砂为基础，如粒径有变化时，其水泥用量可做出相应调整，调整幅度控制在±2%。使用水泥的强度等级，因货源问题，难以完全按定额规定的强度等级组织供应，同时需考虑到水泥富裕强度的利用，高、低强度等级的互换与水泥强度富裕系数的大小一定要有配合比，把设计的资料与统计资料作为调整的依据。

（3）当施工上的特殊要求影响材料消耗量时，也可按规定作相应调整，如混凝土一般在定额确定时，规定其坍落度 4~6mm，如施工中要求增加坍落度时，有些单位规定每增加 1mm 坍落度，在保持水灰比不变的情况下，高强度等级的混凝土相应增加水泥用量 2%，低强度等级的混凝土增加水泥用量 3%。当使用代用品时，需按代用品的比例来调整定额。

5. 材料消耗定额的考核

加强材料消耗定额考核，可以弄清材料耗用的经济效益。建筑企业要以分部分项工程为主，以限额领料单为依据，考核材料节约或超支情况。考核的重点是计算节约和超耗。它可用实物和货币两种方式考核。主要指标如下：

$$某种材料节约量 = 定额消耗总量 - 实际消耗总量 \tag{1-28}$$

$$某种材料节约额 = 定额消耗总额 - 实际消耗总额 \tag{1-29}$$

或某种材料节约额＝某种材料节约量×该种材料单价 (1-30)

除此之外，还有一种较普遍的考核方式，就是考核节约率。计算方法如下：

$$某材料的节约率(\%) = \frac{某项材料节约总量(或节约额)}{某项材料定额消耗总量(或节约额)} \times 100\% \quad (1-31)$$

由于材料品种繁多，除了要考核某项材料的节约率之外，还要考核许多材料综合的节约率。

$$材料节约率(\%) = \frac{材料总的节约额}{材料定额需用总额} \times 100\% \quad (1-32)$$

收集和积累材料定额执行情况的资料，经常进行调查研究的分析工作，是材料定额管理中一项重要工作，不仅能弄清材料使用上的节约和浪费原因，而更重要的是揭露浪费，堵塞漏洞，总结交流节约经验，促使其进一步降低材料消耗、降低工程成本，并为今后修订和补充定额，提供可靠资料。

1.3 工程招标投标和合同管理

1.3.1 工程招标投标

1. 工程招标投标概念

招标投标是在市场经济条件下进行工程建设、货物买卖、财产出租、中介服务等经济活动的一种竞争形式和交易方式，是引入竞争机制订立合同（契约）的一种法律形式。

工程招标是指招标人（或招标单位）在购买大批物资、发包工程项目或某一有目的业务活动前，按照公布的招标条件，公开或书面邀请投标人（或投标单位）在接受招标文件要求的前提下前来投标，以便招标人从中择优选定的一种交易行为。

工程投标就是投标人（或投标单位）在同意招标人拟定的招标文件的前提下，对招标项目提出自己的报价和相应的条件，通过竞争企图为招标人选中的一种交易方式。这种方式是投标人之间通过直接竞争，在规定的期限内以比较合适的条件达到招标人所需的目的。

2. 工程招标的程序

通常可以将工程施工招标工作分为三个阶段，即准备工作阶段、招标工作阶段以及开标中标阶段。各阶段的一般工作见表1-8。

工程施工招标的主要工作　　　　表 1-8

序号	主　要　工　作
1	建设单位向政府有关部门提出招标申请
2	组建招标工作机构开展招标工作
3	编制招标文件
4	标底的编制和审定
5	发布招标公告或投标邀请书
6	组织投标单位报名并接受投标申请
7	审查投标单位的资质

1 材料员基础知识

续表

序号	主 要 工 作
8	发售招标文件
9	勘查现场及答疑
10	接受投标书
11	召开开标会议并公布投标单位的标书
12	评标并确定中标单位
13	招标单位与中标单位签订施工承包合同

3. 工程招标文件的编制

招标文件是表明招标项目的概况、技术要求、招标程序与规则、投标要求、评标标准以及拟签订合同主要条款的书面文书。工程招标文件编制的主要内容见表1-9。

工程招标文件的编制内容　　　　　表1-9

序号	编制内容	说　　明
1	工程招标公告（或投标邀请书）	工程招标公告或者投标邀请书应当至少载明下列内容： （1）工程招标人的名称和地址； （2）工程招标项目的内容、规模、资金来源； （3）工程招标项目的实施地点和工期； （4）获取工程招标文件或者资格预审文件的地点和时间； （5）对工程招标文件或者资格预审文件收取的费用； （6）对工程投标人的资质等级的要求
2	工程投标人须知	投标人须知是招标投标活动应遵循的程序规则和对投标的要求，但投标人须知不是合同文件的组成部分。希望有合同约束力的内容应在构成合同文件组成部分的合同条款、技术标准与要求等文件中界定。投标人须知包括投标人须知前附表、正文和附表格式等内容
3	工程评标办法	工程招标文件中"评标办法"主要包括选择评标方法、确定评审因素和标准以及确定评标程序三方面。评标方法一般有经评审的最低投标价法、综合评估法。招标文件应针对初步评审和详细评审分别制定相应的评审因素和标准
4	工程合同条款及格式	—
5	工程量清单	工程量清单和招标文件中的图纸一样，随着设计进度和深度的不同而不同，当施工详图已完成时，就可以编得比较细致
6	工程图纸	图纸是工程招标文件和合同的重要组成部分，是投标者在拟定施工方案、确定施工方法以至提出替代方案、计算投标报价必不可少的资料
7	工程技术标准和要求	技术标准和要求也是构成合同文件的组成部分。技术标准的内容主要包括各项工艺指标、施工要求、材料检验标准，以及各分部、分项工程施工成型后的检验手段和验收标准等
8	工程投标文件格式	招标人在工程招标文件中，要对工程投标文件提出明确的要求，并拟定一套投标文件的参考格式，供投标人投标时填写

4. 工程投标文件的编制

工程建设项目投标文件一般主要包括两部分：一是商务标，二是技术标。投标人应当按照招标文件的要求编制投标文件。投标文件编制的基本内容见表1-10。

投标文件编制的基本内容　　　　　　表1-10

序号	基本内容
1	投标函及投标函附录
2	法定代表人身份证明或附有法定代表人身份证明的授权委托书
3	联合体协议书
4	投标保证金或保函
5	已标价工程量清单
6	施工组织设计
7	项目管理机构（施工组织机构表和主要管理人员简历）
8	拟分包项目情况表
9	资格审查资料
10	投标人须知前附表规定的其他材料

以上投标文件的内容、表格等全部填写完毕后，即将其密封，按照招标人在招标文件中指定的时间、地点递送。

5. 开标

开标，即在招标投标活动中，由招标人主持，在招标文件预先载明的开标时间和开标地点，邀请所有投标人参加，公开宣布全部投标人的名称、投标价格及投标文件中其他主要内容，使招标投标当事人了解各个投标的关键信息，并且将相关情况记录在案。开标是招标投标活动中"公开"原则的重要体现。

（1）开标时间

开标时间和提交投标文件截止时间应为同一时间，应具体确定到某年某月某日的几时几分，并在招标文件中明示。招标人和招标代理机构必须按照招标文件中的规定，按时开标，不得擅自提前或拖后开标，更不能不开标就进行评标。

（2）开标地点

开标地点应在招标文件中具体明示。开标地点可以是招标人的办公地点或指定的其他地点。开标地点应具体确定到要进行开标活动的房间，以便投标人和有关人员准时参加开标。

若招标人需要修改开标的时间和地点，则应以书面形式通知所有招标文件的收受人。招标文件的澄清和修改均应在通知招标文件收受人的同时，报工程所在地的县级以上地方人民政府建设行政主管部门备案。

（3）开标程序

开标程序见表1-11。

开标程序　　　　　　表1-11

序号	程序
1	宣布开标纪律
2	公布在投标截止时间前递交投标文件的所有投标人名称，并点名确认投标人是否派人到场

1 材料员基础知识

续表

序号	程　序
3	宣布开标人、唱标人、记录人、监标人等有关人员姓名
4	按照投标人须知前附表规定检查投标文件的密封情况
5	按照投标人须知前附表的规定确定并宣布投标文件开标顺序
6	设有标底的，公布标底
7	按照宣布的开标顺序当众开标，公布投标人名称、投标保证金的递交情况、投标报价、质量目标、工期及其他内容，并记录在案
8	规定最高投标限价计算方法的，计算并公布最高投标限价
9	投标人代表、招标人代表、监标人、记录人等有关人员在开标记录上签字确认
10	主持人宣布开标会议结束，进入评标阶段

（4）开标的主要内容

开标的主要内容见表 1-12。

开标的主要内容　　　　　　　　表 1-12

序号	主要内容	说　明
1	密封情况检查	由投标人或者其推选的代表，当众检查投标文件密封情况。若招标人委托了公证机构对开标情况进行公证，也可以由公证机构检查并公证。若投标文件未密封或存在拆开过的痕迹，则不能进入后续的程序
2	拆封	招标人或者其委托的招标代理机构的工作人员，应当对所有在投标文件截止时间之前收到的合格的投标文件，在开标现场当众拆封
3	唱标	经检查密封情况完好的投标文件，由工作人员当众逐一启封，当场高声宣读各投标人的投标要素（如名称、投标价格和投标文件的其他主要内容），为唱标

（5）会议过程记录长期存档

唱标完毕，开标会议即结束。招标人对开标的整个过程需要做好记录，形成开标记录或纪要，并存档备查。

6. 评标

评标是指按照规定的评标标准和方法，对各投标人的投标文件进行评价比较和分析，从中选出最佳投标人的过程。评标是招标投标活动中十分重要的阶段，评标决定着整个招标投标活动的公平和公正与否。

（1）评标原则

评标原则是招标投标活动中相关各方应遵守的基本规则。每个具体的招标项目，均涉及招标人、投标人、评标委员会、相关主管部门等不同主体，委托招标项目还涉及招标代理机构。评标的主要原则见表 1-13。

评标原则　　　　　　　　表 1-13

序号	原　则
1	公平、公正、科学、择优
2	严格保密

1.3 工程招标投标和合同管理

续表

序 号	原 则
3	独立评审
4	严格遵守评标方法

（2）评标程序

评标的主要程序见表 1-14。

评标的主要程序 表 1-14

序 号	主 要 程 序
1	招标人宣布评标委员会成员名单并确定主任委员
2	招标人宣布有关评标纪律
3	在主任委员主持下，根据需要，讨论通过成立有关专业组和工作组
4	听取招标人介绍招标文件
5	组织评标人员学习评标标准和方法
6	提出需澄清的问题。经评标委员会讨论，并经1/2以上委员同意，提出需投标人澄清的问题，以书面形式送达投标人
7	澄清问题。对需要文字澄清的问题，投标人应当以书面形式送达评标委员会
8	评审、确定中标候选人。评标委员会按招标文件确定的评标标准和方法，对投标文件进行评审，确定中标候选人推荐顺序
9	提出评标工作报告。在评标委员会2/3以上委员同意并签字的情况下，通过评标委员会工作报告，并报招标人

（3）评标的方法

评标的主要方法见表 1-15。

评标的主要方法 表 1-15

序 号	评标方法	内 容
1	专家评议法	评标委员会根据预先确定的评审内容，如报价、工期、施工方案、企业的信誉和经验以及投标者所建议的优惠条件等，对各标书进行认真的分析比较后，评标委员会的各成员进行共同的协商和评议，以投票的方式确定中选的投标者。这种方法实际上是定性的优选法。由于缺少对投标书的量化的比较，因而易产生众说纷纭，意见难于统一的现象。但是其评标过程比较简单，在较短时间内即可完成，一般适用于小型工程项目
2	低标价法	所谓低标价法，也就是以标价最低者为中标者的评标方法。但该标价是指评估标价，也就是考虑了各评审要素以后的投标报价，而非投标者投标书中的投标报价。采用这种方法时，一定要采用严谨的招标程序，严格的资格审查，所编制招标文件一定要严密，详评时对标书的技术评审等工作要扎实全面
3	打分法	打分法是由评标委员会事先将评标的内容进行分类，并确定其评分标准，然后由每位委员无记名打分，最后统计投标者的得分。得分超过及格标准分最高者为中标单位。这种定量的评标方法，是在评标因素多而复杂，或投标前未经资格预审就投标时，常采用的一种公正、科学的评标方法，能充分体现平等竞争、一视同仁的原则，定标后分歧意见较小

19

7. 中标

(1) 中标人的确定原则

招标人根据评标委员会提出的书面评标报告和推荐的中标候选人确定中标人。一般情况下，评标委员会只负责推荐合格中标候选人，中标人应当由招标人确定。确定中标人的权利，招标人可以自己直接行使，也可以授权评标委员会直接确定中标人。

虽然确定中标人的权利属于招标人，但这种权利受到很大限制。按照国家有关部门规章规定，使用国有资金投资或者国家融资的工程建设勘察设计和货物招标项目、依法必须进行招标的工程建设施工招标项目、政府采购货物和服务招标项目等，招标人只能确定排名第一的中标候选人为中标人。

(2) 中标结果公示或者公告

为了体现招标投标中的公平、公正、公开的原则，且便于社会的监督，确定中标人后，中标结果应当公示或者公告。

(3) 发出中标通知书

中标人确定后，招标人应当向中标人发出中标通知书，并同时将中标结果通知所有未中标的投标人。

8. 签订合同

中标通知书发出后，招标人和中标人应当依照《中华人民共和国招标投标法》（以下简称《招标投标法》）和《中华人民共和国招标投标法实施条例》（以下简称《招标投标法实施条例》）的规定签订书面合同，合同的标的、价款、质量、履行期限等主要条款应当与招标文件和中标人的投标文件的内容一致。招标人和中标人不得再行订立背离合同实质性内容的其他协议。订立合同前，中标人应当提交履约担保。

1.3.2 工程合同管理

1. 工程施工合同的形式

合同的形式是指当事人意思表示一致的外在表现形式，可分为书面形式、口头形式和其他形式。口头形式是以口头语言形式表现合同内容的合同。书面形式是指合同书、信件和数据电文等可以有形地表现所载内容的形式。其他形式则包括公证、审批、登记等形式。此处着重介绍书面合同与口头合同。

(1) 书面合同

书面合同是指用文字书面表达的合同。对于数量较大、内容比较复杂以及容易产生争执的经济活动必须采用书面形式的合同。书面形式的合同的优点主要有以下几点：

1) 有利于合同形式和内容的规范化。
2) 有利于合同管理规范化，便于检查、管理和监督，有利于双方依约执行。
3) 有利于合同的执行和争执的解决，举证方便，有凭有据。
4) 有利于更有效地保护合同双方当事人的权益。

书面形式的合同由当事人经过协商达成一致后签署。如果委托他人代签，代签人必须事先取得委托书作为合同附件，证明具有法律代表资格。书面合同是最常用、也是最重要的合同形式，人们通常所指的合同就是这一类。

如果以合同形式的产生依据划分，合同形式则可分为法定形式和约定形式。合同的法定形式是指法律直接规定合同应当采取的形式。如《中华人民共和国合同法》(以下简称《合同法》)规定建设工程合同应当采用书面形式,则当事人不能对合同形式加以选择。合同的约定形式是指法律没有对合同形式做出要求,当事人可以约定合同采用的形式。

(2) 口头合同

在日常的商品交换,如买卖、交易关系中,口头形式的合同被人们广泛地应用。

1) 口头合同的优点:简便、迅速、易行。

2) 口头合同的缺点:一旦发生争议就难以查证,对合同的履行难以形成法律约束力。

因此,口头合同要建立在双方相互信任的基础上,且适用于不太复杂、不易产生争执的经济活动。

在当前,运用现代化通信工具,如电话订货等,作为一种口头要约,也是被承认的。

2. 施工合同基本内容

工程本身的特殊性和施工生产的复杂性,决定了施工合同必须有很多条款。根据《建设工程施工合同管理办法》,施工合同主要应具备以下几点内容:

(1) 工程名称、地点、范围、内容,工程价款及开竣工日期。

(2) 双方的权利、义务和一般责任。

(3) 施工组织设计的编制要求和工期调整的处置办法。

(4) 工程质量要求、检验与验收方法。

(5) 合同价款调整与支付方式。

(6) 材料、设备的供应方式与质量标准。

(7) 设计变更。

(8) 竣工条件与结算方式。

(9) 违约责任与处置办法。

(10) 争议解决方式。

(11) 安全生产防护措施。

此外关于索赔、专利技术使用、发现地下障碍和文物、工程分包、不可抗力、工程保险、工程停建或缓建以及合同生效与终止等也是施工合同的重要内容。

3. 工程施工合同的签订

作为承包商的建筑施工企业在签订施工合同工作中,主要的工作程序如下所述:

(1) 施工企业对建筑市场进行调查研究,追踪获取拟建项目的情况和信息,以及业主情况。

(2) 接到招标单位邀请或公开招标通告后,企业领导做出投标决策。

(3) 向招标单位提出投标申请书,表明投标意向。研究招标文件,着手具体投标报价工作。

(4) 接受中标通知书后,组成包括项目经理在内的谈判小组,依据招标文件和中标书草拟合同专用条款。与发包人就工程项目具体问题进行实质性谈判。

通过协商达成一致,确立双方具体权利与义务,形成合同条款。参照施工合同示范文本和发包人拟定的合同条件与发包人订立施工合同。

(5) 签署书面合同：

施工合同应采用书面形式的合同文本。合同内容要详尽具体，责任义务要明确，条款应严密完整，文字表达应准确规范。施工企业经理或委托代理人代表承包方与甲方共同签署施工合同。

(6) 签证与公证：

合同签署后，必须在合同规定的时限内完成履约保函、预付款保函、有关保险等保证手续。送交工商行政管理部门对合同进行签证并缴纳印花税。送交公证处对合同进行公证。经过签证、公证，确认了合同真实性、可靠性、合法性后，合同发生法律效力，并受法律保护。

4. 合同管理的内容

合同管理的主要内容见表1-16。

合同管理的主要内容　　　　表1-16

序号	主要内容	说　　明
1	接受有关部门对施工合同的管理	从合同管理主体的整体来看，除企业自身外，还包括工商行政管理部门、主管部门和金融机构等相关部门。工商行政管理部门主要是从行政管理的角度，上级主管部门主要是从行业管理的角度，金融部门主要是从资金使用与控制的角度对工程施工合同进行管理。在合同履行中，承包商必须主动接受上述部门对工程合同履行的监督与管理
2	进行认真、严肃、科学、有效的内部合同管理	提高企业的合同管理水平，取得合同管理的实效关键在于企业自己。企业为搞好合同管理必须做好如下工作： (1) 充分认识合同管理的重要性。合同界定了项目的大小和承包商的责、权、利，作为承包商，企业的经济效益主要来源于项目效益，因而搞好合同管理是提高企业经济效益的前提。合同属于法律的范畴，合同管理的过程，也就是法制建设的过程，加强合同管理是科学化、法制化、规范化管理的重要基础。只有充分认识到合同管理的重要性，才能有合同管理的自觉性与主动性。 (2) 根据一定时期企业施工合同的要求制定企业目标及其工作计划。即在一定时期内，以承包合同的内容为线索，根据合同要求制定一定时期企业的工作目标，并在此基础上形成工作计划。也就是说合同管理不能只停留在口头上，而应使其成为指导企业经营管理活动的主线。 (3) 建立严格的合同管理制度。合同管理必须打破传统的合同管理观念，即不能把其局限于保管与保密的状态之中，而要把合同作为各工作环节的行为准则。为确保合同管理目标的达成，必须建立健全相应的合同管理制度。 (4) 加强合同执行情况的监督与检查。工程施工企业合同管理的任务包括两个方面：一是对与甲方签订的承包合同的管理，主要目标是落实"实际履行的原则与全面履行的原则"；二是进行企业内部承包合同的管理，其主要目标是确保合同真实、有效、合法，并真正落实与实施。因而应建立完备的监督、检查机制。 (5) 建立科学的评价标准，确保公平竞争。建立科学的评价标准，是科学评价项目经理及项目经理部工作业绩的基础，是形成激励机制和公平竞争局面的前提，也是确保企业内部承包合同公平、合理的保证

1.4 材料管理基础

1.4.1 材料员的工作程序

1. 材料采购

（1）主要材料采购

主要材料采购，包括钢筋、水泥、石子、砂子等。材料员根据库存及生产任务情况，提前 3d 向材料科申领，同时上报申领材料类型及数量。

（2）机械维修物品采购

机械维修物品采购，包括生产设备及大型机械的维修所需物品。由机修人员向材料员申报维修所需配件型号、数量等，材料员及时向分管领导汇报，征得同意后，向业务科室打单申领，并注明购买时限。

2. 材料验收

（1）根据采购申领单对材料进行清点。

（2）进场主要材料验收，根据生产材料验收标准，通过检验或现场检查等方式，对所购材料的质量和数量严格把关，对不符合要求的材料坚决不予验收，并及时向分管领导汇报，通知材料科退货或采取其他补救措施。

（3）采购维修配件等如有差错，及时向分管领导汇报，并通知采购人员及时更换。

3. 材料出库管理

（1）成品料出库

成品料出库，严格落实出库过磅制度。先查看申领单，确认有无申领单位及主管科室负责人签字，再按照要求进行生产、过磅，最后核实出库及过磅数量后签字。对不符合程序的，坚决不予出库，并向分管领导汇报。

（2）办公物品及维修配件出库

办公物品及维修配件出库，严格按照谁使用谁申请原则，必须有分管领导签字，材料员和领料人均应在领料单上签字。领料单一式两份，一份退回领料班组作为消耗物资的依据，一份由材料员作为登记实物账的依据，做好出库物品的登记管理。

4. 废品处理

（1）对本身已无利用价值的废旧配件，应积累一定数量后，经领导批示后，做出售处理，并做好登记。

（2）对已失去原本功能而本身可用价值不高的材料，指定具体位置存放，能有二次利用价值的继续利用，无利用价值的销毁处理或出售处理，并做好登记。

5. 材料消耗统计

主要做好材料消耗情况登记，材料生产统计报表，财务报表的登记。要求做到材料消耗登记清楚、数据准确，生产统计报表上报规范、条目清楚，财务账表清楚及账物相符。坚持每周自查核算一次账目。

6. 财务管理

材料员做好物资的申领、登记工作，要求落实建账、建卡，严格落实大宗物资入库二人签字制度，账面凭证要求整洁，数字真实，账实相符。做好固定资产登记、调配记录，杜绝固定资产流失，做好固定资产的盘点工作，做到账账相符，账物相符。做好低值易耗物品的申请、保管、统计及发放工作。

1.4.2 材料管理的基本要求

建筑材料是建筑企业生产的三大要素之一，是建筑生产的物质基础，应像其他生产要素一样，抓好主要环节的管理。材料管理的基本要求主要包括以下几个方面：

1. 抓好材料计划的编制

编制计划的目的是对资源的投入量、投入时间和投入步骤做出合理的安排，来满足企业生产实施的需要。计划是优化配置与组合的手段。

2. 抓好材料的采购供应

采购是按编制的计划从资源的来源、投入到施工项目的实施，保障计划得以实现，并满足施工项目需要的过程。

3. 抓好建筑材料的使用管理

根据每种材料的特性，制定出科学的、符合客观规律的措施，进行动态配置与组合，协调投入、合理使用，以尽量少的资源来满足项目的使用。

4. 抓好经济核算

进行建筑材料投入、使用及产出的核算，发现偏差及时纠正，并不断改进，来达到节约使用资源、降低产品成本、提高经济效益的目的。

5. 抓好分析、总结

进行建筑材料流通过程管理和使用管理的分析，对管理效果作全面总结，找出经验、问题，为以后的管理活动提供信息，为进一步提高管理工作效率打下坚实的基础。

建筑材料管理是建筑企业能够正常施工，促进企业技术经济取得良好效果，加速流动资金周转，减少资金占用，提高劳动生产率，提高企业经济效益的重要保证。

1.4.3 材料管理的内容

材料管理分为流通过程的管理和生产过程的管理，这两个阶段的具体管理工作就是材料管理的内容。材料管理的主要内容包括两个领域、三个方面和八项业务。

1. 两个领域

材料管理涉及的两个领域包括：

（1）物资流通领域的材料管理

物资流通领域的材料管理即在企业材料计划指导下，组织货源，进行订货、采购、运输及技术保管等活动的管理。

（2）生产领域的材料管理

生产领域的材料管理即在生产消费领域中，实行定额供料，采取节约措施与奖励办法，鼓励降低材料单耗，实行退料回收和修旧利废活动的管理。建筑企业的施工队一级是材料供、管、用的基层单位，其材料工作重点是管与用，其工作的好坏，对材料管理的成效有明显作用。

2. 三个方面

材料管理的业务工作主要包括供、管、用三个方面，它们是紧密结合的。

3. 八项业务

材料管理的八项业务主要包括以下几个方面：

（1）材料计划。

（2）组织货源。

（3）验收保管。

（4）运输供应。

（5）现场材料管理。

（6）工程耗料核销。

（7）材料核算。

（8）统计分析。

材料管理的各项业务活动相互依存、相互联系。

1.4.4 材料管理的方法

建筑材料管理应根据施工生产的特点实施管理。常用的管理方法有行政方法、经济方法、法律方法。这三种方法应结合材料的品种和实际情况，采用更具体的管理方法和手段。

1. 限额控制法

限额控制法用于有消耗定额，施工工艺较稳定的项目所需材料。即按消耗定额和工程量测算出材料消耗量，以此作为材料消耗的控制限额。

如企业为强化领料的管控，可以实行限额领料，即根据产品生产的需要进行领发料，以此控制材料的领用，降低成本。由于增加生产量、浪费或其他原因超出材料领用的限额或产品需要的范围，则必须经过必要的审批程序。

2. 检查奖惩法

检查奖惩法是上级材料部门对下级某项管理内容完成情况、执行情况进行检查，对结果予以奖惩。例如，仓库管理、现场场容管理、内业资料管理等常用此法。

3. 招标投标法

招标投标法是对某项材料管理工作预先订出目标，并公开宣布，凡有能力并自愿完成目标者，制定出实施方案，由招标部门组织评标，确定目标的具体实施部门。例如，材料采购时，对大宗材料常用此法。

4. 重点管理法

重点管理法，又称 ABC 分类管理法，是库存材料管理中常用的方法。根据材料在施工生产中的重要程度和消耗额大小，分为 ABC 三类，分别采取不同的管理方法。

（1）ABC 分类的标准和步骤

分类管理就是将库存材料按品种和占用资金的多少分为特别重要的库存（A 类）、一般重要的库存（B 类）和不重要的库存（C 类）三个等级，然后针对不同等级分别进行管理与控制。分类的标准是库存材料所占总库存资金的比例和所占总库存材料品种数目的比例。

这在库存上暗示着相对比较少的库存材料有可能具有相当大的影响或价值。因此，对这些少数品种物资管理的好坏就成为企业经营成败的关键。因此需要在实施库存材料管理时对各类物资分出主次，并根据不同情况分别对待，突出重点。

（2）对不同类物资的管理

对库存进行 ABC 分类之后，要根据企业的经营策略对不同级别的库存进行不同的管理和控制，见表 1-17。

对不同类物资的管理　　　　　　　　　　　　　　表 1-17

序　号	管　理　内　容
1	A 类库存材料数量虽少但对企业最为重要，是需要严格管理和控制的库存。企业必须对这类库存定时进行盘点，详细记录及经常检查物资使用、存量增减、品质维持等信息，加强进货、发货、运送管理，在满足企业内部需要和顾客需要的前提下维持尽可能低的经常库存量和安全库存量，加强与供应链上下游企业的合作以降低库存水平，加快库存周转率
2	B 类库存的状况处于 A 类库存和 C 类库存之间，因此对这类库存的管理强度介于 A 类库存和 C 类库存之间。对 B 类库存进行正常的例行管理和控制即可
3	C 类库存材料数量最大但对企业的重要性最低，因而被视为不重要的库存。对于这类库存一般进行简单的管理和控制。比如，大量采购大量库存、减少这类库存的人员和设施、库存检查时间间隔长等

5. 材料编号管理

材料编号是在材料分类的基础上，给各种材料规定代号，采用文字、符号或者数字表明各种材料的类别、名称以及规格等，一料一号、条理清晰，便于抄写、查核。如将材料仓库、货位与电子计算机应用相结合，通过编号能够提高工作效率。

在建筑企业中，对材料编号的常用方法主要有以下两种：

（1）数码编号法

数码编号法是将全部材料按一定程序，分三级或四级，用十位数或百位数进级排列。例如，某地区将材料编号分为二级，第一级表示材料的类别（与会计科目一致），第二级表示材料名称，第三级表示材料规格、型号。该地区将主要材料编号定为数码 10，为了满足核算工作需要，再将主要材料划分为 9 小类（从 11 开始）：

11. 硅酸盐材料；

12. 水泥；

13. 砂石材料；

14. 木材；

15. 黑色金属；

16. 有色金属；

17. 金属制品（小五金）；

18. 油漆及化学饰品；

19. 其他。

例如，白色油性调和漆编号为 18.5-4。

编码 18（第一级）代表材料品种——白色油性调和漆属主要材料的第 8 小类"油漆及化学饰品"。

编码 5（第二级）代表材料名称——油性调和漆。

编码 4（第三级）代表材料规格。指的是红、黄、蓝、白、黑……中的白（排位为 4）。

(2) 字母与数码混合编号法

字母与数码混合编号法指当数码编号不能满足核算、管理工作需要时，采用字母与数码混合编号，在数码的首尾加上 A，B，C……字母，表示材料存放位置或电脑存储代号等。

例如，18.A5-4，A 表示仓库编号。全部编号表示白色油性调和漆属存放在 A 仓库。

1.4.5 材料管理的任务

建筑企业材料管理工作的基本任务是：本着管理材料必须全面"管供、管用、管节约和管回收、修旧利废"的原则，把好供、管、用三个主要环节，以最低的材料成本，按质、按量、及时、配套供应施工生产所需的材料，并监督和促进材料的合理使用。材料供应与管理的具体任务见表 1-18。

建筑工程材料管理的任务　　　　　　　　　　表 1-18

项　目	内　容
提高计划管理质量，保证材料供应	提高计划管理质量，首先要提高核算工程用料的正确性。计划是组织指导材料业务活动的重要环节，是组织货源和供应工程用料的依据。无论是需用计划，还是材料平衡分配计划，都要以单位工程（大的工程可用分部工程）进行编制。但是，往往因设计变更，施工条件的变化，打破了原定的材料供应计划。为此，材料计划工作需与设计、建设单位和施工部门保持密切联系。对重大设计变更，大量材料代用，材料的价差和量差等重要问题，应与有关单位协商解决好。同时材料供应人员要有应变的工作水平，才能保证工程需要
提高供应管理水平，保证工程进度	材料供应与管理包括采购、运输及仓库管理业务，这是配套供应的先决条件。由于建筑工程产品的规格、式样多，每项工程都是按照工程的特定要求设计和施工的，对材料各有不同的需求，数量和质量受到设计的制约，而在材料流通过程中受生产和运输条件的制约，价格上受地区预算价格的制约。因此材料部门要主动与施工部门保持密切联系，交流情况，互相配合，才能提高供应管理水平，适应施工要求。对特殊材料要采取专料专用控制，以确保工程进度
加强施工现场材料管理，坚持定额用料	建筑工程产品体积大，生产周期长，用料数量多，运量大，而且施工现场一般比较狭小，储存材料困难，在施工高峰期间土建、安装交叉作业，材料储存地点与供、需、运、管之间矛盾突出，容易造成材料浪费。因此，施工现场材料管理，首先要建立健全材料管理责任制度，材料员要参加现场施工平面总图关于材料布置的规划工作。在组织管理方面要认真发动群众，坚持专业管理与群众管理相结合的原则，建立健全施工队（组）的管理网，这是材料使用管理的基础。在施工过程中要坚持定额供料，严格按照领退手续进行领料、退料，达到"工完料尽场地清"，克服浪费，节约有奖
严格经济核算，降低成本，提高效益	建筑企业提高经济效益，必须立足于全面提高经营管理水平。根据有关资料，一般工程的直接费占工程造价的 77.05%，其中材料费 66.83%，机械费为 4.7%，人工费为 5.52%。说明材料费占主要地位。材料供应管理中各业务活动，要全面实行经济核算责任制度。由于材料供应方面的经济效益较为直观、可比，目前在不同程度上已重视材料价格差异的经济效益，但仍忽视材料的使用管理，甚至以材料价差盈余掩盖企业管理的不足，这不利于提高企业管理水平，应当引起重视

1.5 材料员职业能力标准与评价

1.5.1 材料员职业能力标准

1. 职业能力标准的一般规定

(1) 建筑与市政工程施工现场专业人员应具有中等职业（高中）教育及以上学历，并具有一定实际工作经验，且身心健康。

(2) 建筑与市政工程施工现场专业人员应具备必要的表达、计算以及计算机应用能力。

(3) 建筑与市政工程施工现场专业人员应具备的职业素养见表1-19。

建筑与市政工程施工现场专业人员的职业素养　　　　表1-19

序号	职业素养
1	具有社会责任感和良好的职业操守，诚实守信，严谨务实，爱岗敬业，团结协作
2	遵守相关法律法规、标准和管理规定
3	树立安全至上、质量第一的理念，坚持安全生产、文明施工
4	具有节约资源、保护环境的意识
5	具有终生学习理念，不断学习新知识、新技能

(4) 建筑与市政工程施工现场专业人员的工作责任主要可以分为"负责"与"参与"两个层次。

1) "负责"表示行为实施主体是工作任务的责任人和主要承担人。

2) "参与"表示行为实施主体是工作任务的次要承担人。

(5) 建筑与市政工程施工现场专业人员教育培训的目标要求，专业知识的认知目标要求主要可以分为"了解"、"熟悉"以及"掌握"三个层次。

1) "了解"是最低水平要求，是指对所列知识有一定的认识和记忆。

2) "熟悉"是次高水平要求，包括能记忆所列知识，并能对所列知识加以叙述和概括。

3) "掌握"是最高水平要求，包括能记忆所列知识，并能对所列知识加以叙述和概括，同时能运用知识分析和解决实际问题。

2. 材料员职业能力标准要求

(1) 材料员的主要工作职责见表1-20。

材料员的工作职责　　　　表1-20

序号	工作职责	说明
1	材料计划管理	(1) 参与编制材料、设备配置计划； (2) 参与建立材料、设备管理制度
2	材料采购验收	(1) 负责收集材料、设备的价格信息，参与供应单位的评价、选择； (2) 负责材料、设备的选购，参与采购合同的管理； (3) 负责进场材料、设备的验收和抽样复检

1.5 材料员职业能力标准与评价

续表

序号	工作职责	说 明
3	材料使用存储	(1) 负责材料、设备进场后的接收、发放、储存管理； (2) 负责监督、检查材料、设备的合理使用； (3) 参与回收和处置剩余及不合格材料、设备
4	材料统计核算	(1) 负责建立材料、设备管理台账； (2) 负责材料、设备的盘点、统计； (3) 参与材料、设备的成本核算
5	材料资料管理	(1) 负责材料、设备资料的编制； (2) 负责汇总、整理、移交材料和设备资料

（2）材料员应具备的主要专业技能见表1-21。

材料员的专业技能 表1-21

序号	专业技能	说 明
1	材料计划管理	能够参与编制材料、设备配置管理计划
2	材料采购验收	(1) 能够分析建筑材料市场信息，并进行材料、设备的计划与采购； (2) 能够对进场材料、设备进行符合性判断
3	材料使用存储	(1) 能够组织保管、发放施工材料、设备； (2) 能够对危险物品进行安全管理； (3) 能够参与对施工余料、废弃物进行处置或再利用
4	材料统计核算	(1) 能够建立材料、设备的统计台账； (2) 能够参与材料、设备的成本核算
5	材料资料管理	能够编制、收集、整理施工材料、设备资料

（3）材料员应掌握的主要专业知识见表1-22。

材料员应掌握的专业知识 表1-22

序号	专业技能	说 明
1	通用知识	(1) 熟悉国家工程建设相关法律法规； (2) 了解工程材料的基本知识； (3) 了解施工图识读的基本知识； (4) 了解工程施工工艺和方法； (5) 熟悉工程项目管理的基本知识
2	基础知识	(1) 了解建筑力学的基本知识； (2) 熟悉工程预算的基本知识； (3) 掌握物资管理的基本知识； (4) 熟悉抽样统计分析的基本知识
3	岗位知识	(1) 熟悉与本岗位相关的标准和管理规定； (2) 熟悉建筑材料市场调查分析的内容和方法； (3) 熟悉工程招标投标和合同管理的基本知识； (4) 掌握建筑材料验收、存储、供应的基本知识； (5) 掌握建筑材料成本核算的内容和方法

1.5.2 材料员职业能力评价

1. 材料员职业能力评价的一般要求

（1）建筑与市政工程施工现场专业人员的职业能力评价，采取专业学历、职业经历以及专业能力评价相结合的综合评价方法。其中专业能力评价采用专业能力测试方法。

（2）专业能力测试主要包括专业知识和专业技能测试，应重点考查运用相关专业知识和专业技能解决工程实际问题的能力。

（3）建筑与市政工程施工现场专业人员参加职业能力评价，材料员施工现场职业实践年限应符合表1-23的规定。

材料员施工现场职业实践最少年限（年）　　　　　表1-23

岗位名称	土建类本专业专科及以上学历	土建类相关专业专科及以上学历	土建类本专业中职学历	土建类相关专业中职学历	非土建类中职以上学历
材料员	1	2	3	4	4

（4）建筑与市政工程施工现场材料员专业能力测试的内容，应符合本章1.5.1节中"2. 材料员职业能力标准要求"的规定。

（5）建筑与市政工程施工现场专业人员专业能力测试，专业知识部分应采取闭卷笔试方式；专业技能部分应以闭卷笔试方式为主，具备条件的可部分采用现场实操测试。专业知识考试时间宜为2小时，专业技能考试时间宜为2.5小时。

（6）建筑与市政工程施工现场专业人员专业能力测试，专业知识和专业技能考试均采取百分制。专业知识和专业技能考试成绩同时合格，方为专业能力测试合格。

（7）已通过施工员、质量员职业能力评价的专业人员，参加其他岗位的职业能力评价，可免试部分专业知识。

（8）建筑与市政工程施工现场专业人员的职业能力评价，应由省级住房和城乡建设行政主管部门统一组织实施。

（9）对专业能力测试合格，且专业学历和职业经历符合规定的建筑与市政工程施工现场专业人员，颁发职业能力评价合格证书。

2. 材料员专业能力测试权重

材料员专业能力测试权重应符合表1-24的规定。

材料员专业能力测试权重表　　　　　表1-24

项　次	分　类	评价权重
专业技能	材料计划管理	0.10
	材料采购验收	0.20
	材料使用存储	0.40
	材料统计核算	0.20
	材料资料管理	0.10
	小计	1.00

1.5 材料员职业能力标准与评价

续表

项　次	分　类	评 价 权 重
专业知识	通用知识	0.20
	基础知识	0.40
	岗位知识	0.40
	小计	1.00

2 材料计划管理

2.1 材料计划管理基础知识

2.1.1 材料计划管理的含义

材料管理确定了一定时期内材料工作的目标，材料计划就是为实现材料工作目标所做的具体部署和安排，是对建筑企业所需材料的质量、品种、规格以及数量等在时间和空间上做出的统筹安排。材料计划是企业材料部门的行动纲领，对组织材料资源和供应，满足施工生产需要，提高企业经济效益，具有十分重要的作用。

材料计划管理指运用计划来组织、指挥、监督、调节材料的订货、分配、供应、采购、运输、储备以及使用等经济活动的管理工作。

2.1.2 材料计划的分类

材料计划有多种分类形式。按材料使用方向分为生产材料计划与基建材料计划；按材料计划用途分为材料需用计划、材料申请计划、材料加工订货计划、材料供应计划及材料采购计划；按材料计划期限分为年（季）度计划、月度计划、一次性用料计划及临时追加材料计划。具体内容见表2-1。

材料计划的分类　　　　　　表2-1

序号	分类依据	类型	内容
1	按材料计划的用途分类	材料需用计划（用料计划）	材料需用计划一般由最终使用材料的施工项目编制，是材料计划中最基本的计划，是编制其他计划的基本依据。材料需用计划应根据不同的使用方向，分单位工程，结合材料消耗定额，逐项计算需用材料的品种、规格、质量、数量，最终汇总成实际需用数量
		材料申请计划	材料申请计划是根据需用计划，经过项目或部门内部平衡后，分别向有关供应部门提出的材料申请计划
		材料供应计划（供应计划）	材料供应计划是负责材料供应的部门，为完成材料供应任务，组织供需衔接的实施计划。除包括供应材料的品种、规格、质量、数量、使用项目以外，还应包括供应时间
		加工订货计划	加工订货计划是项目或供应部门为获得材料或产品资源而编制的计划。计划中应包括所需材料或产品的名称、规格、型号、质量及技术要求和交货时间等，其中若属非定型产品，应附有加工图纸、技术资料或提供样品
		材料采购计划	材料采购计划是企业为了向各种材料市场采购材料而编制的计划。计划中应包括材料品种、规格、数量、质量，预计采购厂商名称及需用资金
		材料运输计划	材料运输计划是指为了组织材料运输工作而编制的计划

2.1 材料计划管理基础知识

续表

序号	分类依据	类型	内容
2	按材料的使用方向分类	生产材料计划	生产材料计划是指施工企业所属工业企业，为完成生产计划而编制的材料计划。如机械制造、制品加工、周转材料生产和维修、建材产品生产等。所需材料按生产的产品数量和该产品消耗定额计算确定
		基本建设材料计划	基本建设用材料计划是指为了完成基本建设任务而编制的材料计划。包括对外承包工程用材料计划、企业自身基本建设用材料计划
3	按计划期限分类	年度材料计划	年度材料计划是建筑企业保证全年施工生产任务所需用料的主要材料计划。它是企业向国家或地方计划物资部门、经营单位申请分配、组织订货、安排采购和储备提出的计划，也是指导全年材料供应与管理活动的重要依据。因此，年度材料计划，必须与年度施工生产任务密切结合，计划质量（指反映施工生产任务落实的准确程度）的好与坏，对全年施工生产的各项指标能否实现有着密切关系
		季度材料计划	根据企业施工任务的落实和安排的实际情况编制季度计划，用以调整年度计划，具体组织订货、采购、供应。落实各项材料资源，为完成本季施工生产任务提供保证。季度计划材料品种、数量一般须与年度计划结合，有增或减的，要采取有效的措施，争取资源平衡或报请上级和主管部门调整计划。如果采取季度分月编制的方法，则需要具备可靠的依据。这种方法可以简化月度计划
		月度材料计划	月度材料计划是基层单位，根据当月施工生产进度安排编制的需用材料计划，它比年度、季度计划更细致，要求内容更全面、及时和准确。以单位工程为对象，按形象进度实物工程量逐项分析计算、汇总使用项目及材料名称、规格、型号、质量、数量等，是供应部门组织配套供料、安排运输、基层安排收料的具体行动计划。它是材料供应与管理活动的重要环节，对完成月度施工生产任务，有更直接的影响。凡列入月计划的施工项目需用材料，都要进行逐项落实，如个别品种、规格有缺口，要采取紧急措施，如借、调、改、代、加工、利库等办法，进行平衡，保证按计划供应
		一次性用料计划	一次性用料计划也叫单位工程材料计划。是根据承包合同或协议书，按规定时间要求完成的施工生产计划或单位工程施工任务而编制的需用材料计划，它的用料时间与季、月计划不一定吻合，但在月度计划内要列为重点，专项平衡安排。因此，这部分材料需用计划，要提前编制交供应部门，并对需用材料的品种、规格、型号、颜色、时间等，都要详细说明，供应部门应保证供应。内包工程可采取签订供需合同的办法
		临时追加材料计划	由于设计修改或任务调整，原计划品种、规格、数量的错漏，施工中采取临时技术措施，机械设备发生故障需及时修复等原因，需要采取临时措施解决的材料计划，称为临时追加用料计划。列入临时计划的一般是急用材料，要作为重点供应。如费用超支和材料超用，应查明原因，分清责任，办理签证，由责任方承担经济责任

续表

序号	分类依据	类型	内 容
4	按供货渠道分类	物资企业供料计划	物资企业供料计划是指由物资企业负责供应的材料，企业编制需用计划，直接向物资企业要求供应
		建设单位供料计划	建设单位供料计划是指按签订工程合同时的分工，属于建设单位供应的材料都由建筑企业按照施工进度编制需用计划，要求对方按需求进行供应
		建筑企业自供料计划	建筑企业自供料计划是指按工程合同分工属于建筑企业自己组织供应的材料都按要求分别编制相应的需用、供应及采购等计划

各种材料计划之间的关系如图 2-1 所示。

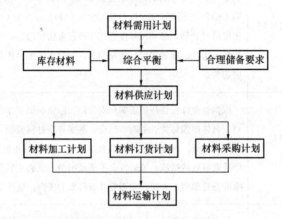

图 2-1 各种材料计划之间的关系

2.1.3 编制计划管理的任务

编制计划管理的任务见表 2-2。

编制计划管理的任务　　　　　　　　　　表 2-2

序号	任 务	说 明
1	为实现企业经济目标做好物质准备	建筑企业的经营发展，需要材料部门提供物质保证。材料部门必须适应企业发展的规模、速度和要求，只有这样才能保证企业顺利运行。因此，材料部门应做到经济采购、合理运输、降低消耗、加速周转，以最少的资金获得最优的经济效果
2	做好平衡协调工作	材料计划的平衡是施工生产各部门协调工作的基础。材料部门一方面应掌握施工任务，核实需用情况；另一方面要查清内外资源，了解供应状况，掌握市场信息，确定周转储备量，搞好材料品种、规格与项目的平衡配套，保证生产顺利进行
3	采取措施促进材料的合理使用	露天作业、操作条件差等施工环境使得浪费材料的问题长期存在。必须加强材料的计划管理，通过计划指标、消耗定额控制材料使用，具体可通过检查、考核、奖励等手段，加强材料的计划管理，提高材料的使用效率
4	建立健全材料计划管理制度	材料计划的有效作用是建立在材料计划的高质量的基础上的。建立科学、连续、稳定和严肃的计划指标体系，是保证计划制度良好运行的基础。健全计划流转程序和制度，可以保证施工有秩序、高效率地运行

2.1.4 影响材料计划管理的因素

材料计划的编制和执行会受到诸多因素的制约，处理妥当与否极易影响材料计划的编制质量和执行效果。材料计划管理的影响因素主要包括以下几个方面：

1. 企业内部影响因素

企业内部影响因素主要是企业内各部门之间的衔接问题。例如生产部门提供的生产计划、技术部门提出的技术措施和工艺手段、劳资部门下达的工作量指标等。各部门只有及时提供准确的资料，才能使计划制定有依据而且可行，同时，要经常检查计划执行情况，发现问题及时调整。计划期末必须对执行情况进行考核，为总结经验和编制下期计划提供依据。

2. 企业外部影响因素

企业外部影响因素主要表现在材料市场的变化因素和与施工生产相关的因素，如材料政策因素、自然气候因素、材料生产厂家以及市场需求变化因素等。材料部门应及时了解和预测市场供求及变化情况，采取措施保证施工用料的稳定，掌握气候变化信息，特别是对冬雨季的技术处理，劳动力调配，工程进度的变化调整等均应做出预计和考虑。

2.2 材料计划的编制

2.2.1 材料计划的编制原则

1. 政策性原则

政策性原则是指在材料计划的编制过程中必需坚决贯彻执行党和国家有关经济工作的方针和政策。

2. 综合平衡的原则

编制材料计划要坚持综合平衡的原则。综合平衡是计划管理工作的重要内容，包括供求平衡，产需平衡，各施工单位间的平衡，各供应渠道间平衡等。坚持积极平衡，按计划做好控制协调工作，以促使材料合理使用。

3. 实事求是的原则

材料计划是组织和指导材料流通经济活动的灵魂和纲领。这就要求在物资计划的编制中始终坚持实事求是的原则。具体地说，就是要求计划指标具有先进性和可行性，指标过高或过低都不行。在实际工作中，要认真总结经验，深入基层和生产建设的第一线，进行调查研究，通过精确计算，使计划尽可能符合客观实际情况。

4. 积极可靠，留有余地的原则

搞好材料供需平衡，是材料计划编制工作中的重要环节。在进行平衡分配时，要做到积极可靠，留有余地。

（1）积极

积极是指计划指标要先进，应是在充分发挥主观能动性的基础上，经过认真的努力能够完成的。

（2）可靠

可靠是指必须经过认真的核算,有科学依据。

(3) 留有余地

留有余地是指在分配指标的安排上,要保留一定数量的储备,这样就可以随时应付执行过程中临时增加的需要量。

5. 保证重点,照顾一般的原则

没有重点,就没有政策。通常,重点部门、重点企业、重点建设项目是对全局有巨大而深远影响的,必须在物资上给予切实保证。但一般部门、一般企业和一般建设项目也应适当予以安排,在物资分配与供应计划中,区别重点与一般,正确地妥善安排,是一项极为细致、复杂的工作。

6. 严肃性与灵活性统一的原则

材料计划对供、需两方面均有严格的约束作用,同时建筑施工受到多方面主客观因素的制约,出现变化情况,也在所难免,因此在执行材料计划中,既要讲严肃性,又要重视灵活性,只有严肃性和灵活性的统一,才能确保材料计划的实现。

2.2.2 材料计划的编制准备

材料计划的编制主要应做的准备见表2-3。

材料计划的编制准备 表2-3

序号	项目	准备内容
1	施工任务及设备、材料情况	收集并核实施工生产任务、施工设备制造、施工机械制造、技术革新等情况。虽然施工生产用料是建筑安装企业用料的主要部分,但为配合施工顺利进行而确定的施工设备、施工机械制造及维修等方面的用料也不能忽视。 核实项目材料需用量,掌握现场交通地理条件,材料堆放位置(现场布置)
2	弄清材料家底,核实库存	编制材料计划需要一段时间,尤其是编制年度材料计划,需要的时间更长。编制材料计划时,不但要核实当时的材料库存,分析库存升降原因,而且要预测本期末库存
3	收集和整理分析材料	收集和整理分析有关材料消耗的原始统计资料,除材料消耗外,还包括工具及周转材料消耗情况资料,门窗五金材料消耗资料等,并调整各种消耗定额的执行情况,确定计划期内各类材料的消耗定额水平。有些新材料、新项目还要修改补充定额
4	分析上期材料供应计划执行情况	通过供应计划执行情况与消耗统计资料,分析供应与消耗动态,检查分析订货合同执行情况、运输情况及到货规律等,来确定本期供应间隔天数与供应进度。分析库存多余或不足来确定计划期末周转储备量
5	了解市场信息资料	市场资源是目前建筑企业解决需用材料的主要渠道,编制材料计划时,必须了解市场资源情况、市场供需平衡状况

2.2.3 材料计划的编制程序

1. 确定实际需用量

根据各工程项目计算的需用量,核算实际需用量。核算的依据有以下几个方面:

(1) 一些通用性材料,在工程初期阶段,考虑到可能出现的施工进度超额因素,通常都稍加大储备,其实际需用量就稍大于计划需用量。

(2) 在工程竣工阶段,由于考虑到"工完料清场地净",防止工程竣工材料积压,通常是利用库存控制进料,这样实际需用量要稍小于计划需用量。

(3) 一些特殊材料,为保证工程质量,常要求一批进料,因此计划需用量虽只是一部分,但在申请采购中常为一次购进,这样实际需用量就要大大增加。

实际需用量采用以下方法计算:

$$实际需用量 = 计划需用量 \pm 调整因素 \tag{2-1}$$

2. 编制材料申请计划

需要上级供应的材料需编制申请计划。申请量的计算公式为:

$$材料申请量 = 实际需用量 + 计划储备量 - 期初库存量 \tag{2-2}$$

3. 编制供应计划

供应计划是材料计划的实施计划。材料供应部门按照用料单位提报的申请计划及各种资源渠道的供货情况与储备情况,进行总需用量与总供应量的平衡,在此基础上编制对各用料单位(或项目)的供应计划,并明确供应措施(如利用库存、加工订货、市场采购等)。

4. 编制供应措施计划

在供应计划中应明确的供应措施,要有相应的实施计划。如市场采购,要相应编制采购计划;加工订货需有加工订货合同及进货安排计划,以保证供应工作的完成。

2.2.4 材料计划的编制方法

1. 材料需用计划的编制方法

材料需用计划反映企业生产经营活动所需各种材料的数量、品种、规格以及使用时间等,是企业最重要的材料计划。

(1) 计划期内工程材料需用量计算

计划期内工程材料需用量计算方法主要有直接计算法和间接计算法两种。

1) 直接计算法(预算法)。直接计算法是以单位工程为对象进行编制。在施工图纸到达并经过会审后,按施工图计算分部、分项实物工程量,结合施工方案与措施,套用相应的材料消耗定额编制材料分析表。按分部汇总,编制单位工程材料需用计划。再按施工形象进度,编制季、月需用计划。

直接计算法为:

$$某种材料计划需用量 = 建筑安装实物工程量 \times 某种材料消耗定额 \tag{2-3}$$

材料消耗定额根据使用对象选定。如编制施工图预算向建设单位、上级主管部门及物资部门申请计划分配材料指标,以作为结算依据或据此编制订货、采购计划,应采用预算定额计算材料需用量。如果企业内部编制施工作业计划,向单位工程承包负责人及班组实行定包供应材料,作为承包核算基础,则应采用施工定额计算材料需用量。

材料需用计划编制程序如图 2-2 所示。

① 材料分析表的编制。根据计算出的工程量,套用材料消耗定额分析出各分部分项工程的材料用量及规格。材料分析

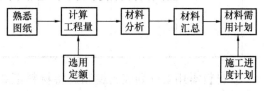

图 2-2 材料需用计划的编制程序

表如表 2-4 所示。

材料分析表　　　　　　　　　　　　　　　　　　　　　　　　表 2-4

工程名称：
编制单位：　　　　　　　　　　　　　　　　　　　　　　　编制日期：

序号	分部分项工程名称	工程量		材料名称、规格、数量				
		单位	数量					

审核：　　　　　　　　　　　编制：　　　　　　　　　　　　共　页第　页

② 材料汇总表的编制。将材料分析表中的各种材料，按建设项目和单位工程汇总即为汇总表。表格形式如表 2-5 所示。

材料汇总表　　　　　　　　　　　　　　　　　　　　　　　　表 2-5

编制单位：　　　　　　　　　　　　　　　　　　　　　　　编制日期：

序号	建设项目	单位工程	材料汇总				
			水泥（P.O）52.5	水泥（P.O）42.5	红砖 标砖	钢筋 φ8	……

③ 材料需用量计划表的编制。将材料汇总表中各项目材料，按进度计划的要求分摊到各使用期即为需用量计划表。表格形式如表 2-6 所示。

2.2 材料计划的编制

材料需用量计划表　　　　　　　　　　　　　　　表 2-6

编制单位：　　　　　　　　　　　　　　　　　　　　编制日期：

序号	项目名称	材料计划				各期用量		
		名称	规格	单位	数量			
	××工程							
	××工程							
	××工程							

共　页　第　页

2) 间接计算法（概算法）。当工程任务落实，但设计还未完成，技术资料不全；有的工程初步设计还没有确定，只有投资金额与建筑面积指标，不具备直接计算的条件。为了事前做好备料工作，可采取间接计算的方法。按初步摸底的任务情况，概算定额或经验定额分别计算材料用量，编制材料需用计划，以作为备料依据。

凡采用间接计算法编制备料计划的，在施工图到达之后，要立即用直接计算法核算材料实际的需用量，并进行调整。

间接计算法的具体做法如下：

① 概算定额法。概算定额法是利用概算定额编制需用计划的方法。根据概算定额的类别不同，主要有以下几种：

a. 用平方米定额计算。用平方米定额计算的方法适用于已知工程结构类型和建筑面积的工程项目。公式如下：

　　某种材料需用量＝建筑面积×同类工程某种材料平方米消耗定额×调整系数　　(2-4)

b. 用万元定额计算。用万元定额计算的方法适用于只知道计划投资总定额的项目。公式如下：

　　某种材料需用量＝工程项目计划总投资×同类工程项目万元产值材料消耗定额

　　　　×调整系数　　(2-5)

② 动态分析法。动态分析法是利用材料消耗的统计资料，分析变化规律，根据计划任务量估算材料计划需用量的方法。多数预测方法都可用于动态分析法。在实际工作中，常按简单的比例法推算。公式如下：

$$某种材料计划需用量 = \frac{计划期任务量}{上期完成任务量} \times 上期该种材料消耗量 \times 调整系数 \quad (2-6)$$

式中，任务量可以采用价值指标表示，也可以采用实物指标表示。

③ 类比分析法。对于既无消耗定额，又无历史统计资料的工程，可用类似工程的消耗定额进行推算。即用类似工程的消耗定额间接推算。公式如下：

　　某种材料计划需用量＝计划工程量×类似工程材料消耗定额×调整系数　　(2-7)

(2) 周转材料需用量计算

周转材料具有的特点是周转，先要根据计划期内的材料分析确定周转材料总需用量，结合工程特点，来确定计划期内周转次数，再算出周转材料的实际需用量。

(3) 施工设备和机械制造的材料需用量计算

建筑企业自制施工设备通常没有健全的定额消耗管理制度，产品也是非定型的较多，可按各项具体产品，采用直接计算法来计算材料需用量。

(4) 辅助材料及生产维修用料的需用量计算

辅助材料及生产维修用料量比较小，有关统计与材料定额资料也不齐全，其需用量可采用间接计算法来计算。

需用量＝(报告期实际消费量÷报告期实际完成工程量)×本期计划工程量×增减系数

(2-8)

2. 材料供应计划的编制方法

供应部门应对所属需用部门的材料申请计划根据生产任务进行核实，结合资源，进行汇总，经过综合平衡，提出申请、订货、采购、加工、利库等供应措施。材料供应计划是指导材料供应业务活动的具体行动计划。

材料供应计划的编制步骤见表2-7。

材料供应计划的编制步骤 表2-7

序号	编制步骤	说　明
1	编制准备	(1) 要认真核实汇总各项目材料申请量； (2) 了解编制计划所需的技术资料是否齐全； (3) 材料申请是否合乎实际，有无粗估冒算或计算差错； (4) 定额采用是否合理； (5) 材料需用时间、到货时间与生产进度安排是否相符合，规格能否配套等
2	预计供应部门现有库存量	因计划编制较早，从编制计划时间到计划期初的这段预计期内，材料仍会不断收入与发出，所以预计计划期初库存十分重要。一般计算方法为： 期初预计库存量＝编制计划时的实际库存＋预计期计划收入量－预计期计划发出量 计划期初库存量预计是否正确对平衡计算供应量和计划期内的供应效果有影响，预计不准确，如数量少了将造成数量不足，供需脱节而影响施工；如数量多了，会造成超储而导致积压资金。正确预计期初库存数，要对现场库存实际资源、订货、采购收入、调剂拨入、在途材料、待验收以及施工进度预计消耗、调剂拨出等数据均要认真核实
3	确定期末周转储备量	根据生产安排和材料供应周期来计算计划期末周转储备量。合理地确定材料周转储备量（计划期末的材料周转储备），是为下一期期初考虑的材料储备。要根据供求情况的变化与市场信息等，合理计算间隔天数，来求得合理的储备量
4	确定材料供应量	材料供应量＝材料申请量－期初库存资源量＋计划期末周转储备量
5	确定供应措施	根据材料供应量和可能获得资源的渠道，确定供应措施，如申请、订货、采购、利库、建设单位供料、加工等，并与资金进行平衡，以利于计划的实现

材料供应计划的表格形式见表2-8。

2.2 材料计划的编制

材料供应计划表　　　　　　　　　　　　　　　　　　　表 2-8

编制单位：　　　　　　　　　　　　　　　　　　　编制日期：　年　月　日

材料名称	规格型号	计量单位	期初预计库存	计划需用量					期末库存量	计划供应量						小计	其中	
				合计	其中					合计	其中						第一次	第二次
					工程用料	经营维修	周转材料	机械制造			物资企业	市场采购	挖潜改代	加工自制	其他			

共　页　第　页

3. 材料采购与加工订货计划的编制

材料供应计划所列各种材料，需按订购方式分别编制加工订货计划、采购计划。

（1）材料采购计划的编制

凡可在市场直接采购的材料，均应编制采购计划，以指导采购工作的进行。这部分材料品种多，数量大，规格杂，供应渠道多，价格不稳定，没有固定的编制方法。主要通过计划控制采购材料的数量、规格、时间等。材料采购计划的编制见表 2-9。

材料采购计划　　　　　　　　　　　　　　　　　　　　表 2-9

工程名称：
编制单位：　　　　　　　　　　　　　　　　　　　　　编制日期：

材料名称	规格型号	单位	采购数量	供应进度				采购进度			
				第一次	第二次			第一次	第二次		

表 2-9 中的供应进度按供应进度计划的要求填写，采购进度应在供应进度之前，包括办理购买手续、运输、验收入库等所需的时间，即供货所需时间。

（2）材料加工订货计划的编制

凡需与供货单位签订加工订货合同的材料，都应编制加工订货计划。

加工订货计划的具体形式是订货明细表，它由供货单位根据材料的特性确定，计划内容主要有：材料名称、规格、型号、技术要求、质量标准、数量、交货时间、供货方式、

2 材料计划管理

到达地点及收货单位的地址、账号等,有时还包括必要的技术图纸或说明资料。有的供货单位以订货合同代替订货明细表,可参考表 2-10。

材料加工订货计划　　　　　　　　　　　表 2-10

编制单位章:　　　　　　　　　　　　填报日期:　　年　月　日
工程名称:　　　　　　　　　　　　　供应单位收到日期:　　年　月　日

材料名称	规格型号	计量单位	计划需用量	月度需用量	用途说明	技术要求	质量标准	交货时间	供货方式	备注

主管:　　　　　　计划员:　　　　　采购员:　　　　　　　　制表人:

订货单位按表格要求及企业供应计划等资料,一一填写。编制时,应特别注意规格、型号、质量、数量、供货方式及时间等内容,必须和企业的材料需用计划、材料供应计划相吻合。

2.2.5 材料计划编制实例

1. 项目材料申请计划的编制实例

【例 2-1】 已知某施工队材料组,负责两个项目的材料管理。食堂工程处于基础部位。办公楼工程处于结构部位。本月生产计划下达任务量分别如下,试编制材料需用计划。该施工队钢材、水泥属企业材料分公司负责供应,其他由项目材料组自行采购,试编制申请计划。

【解】

项目一:食堂工程某月计划完成基础工程部分工程量,其中 M5 混合砂浆砌砖为 $200m^3$;C10 碎石垫层混凝土为 $100m^3$。其各种材料需用量计算如下:

(1) 查砌砖、混凝土相对应的材料消耗定额得到:

每立方米砌砖用标准砖 512 块,砂浆 $0.26m^3$。

每立方米混凝土的用量为 $1.01m^3$。

(2) 计算混凝土、砂浆及砖需用量:

砌砖工程:标准砖 $512 块/m^3 \times 200m^3 = 102400$ 块

砂浆 $0.26m^3/m^3 \times 200m^3 = 52m^3$

混凝土工程混凝土量 $1.01m^3/m^3 \times 100m^3 = 101m^3$

(3) 查砂浆、混凝土配合比表得:

每立方米 C10 混凝土用水泥 198kg,砂 777kg,碎石 1360kg;

每立方米 M5 砂浆用水泥 320kg,白灰 0.06kg,砂 1599kg。

2.2 材料计划的编制

则砌砖砂浆中各种材料需用量为：

水泥：$320kg/m^3 \times 52m^3 = 16640kg$

白灰：$0.06kg/m^3 \times 52m^3 = 3.12kg$

砂：$1599kg/m^3 \times 52m^3 = 83148kg$

混凝土中各种材料需用量为：

水泥：$198kg/m^3 \times 101m^3 = 19998kg$

砂：$777kg/m^3 \times 101m^3 = 78477kg$

碎石：$1360kg/m^3 \times 101m^3 = 137360kg$

以上材料分析的过程可以列表，见表2-11。

项目二：办公楼工程某月份计划完成结构工程中过梁安装、空心板堵眼，其生产计划下达任务量如下表所列，按照项目一计算方法，可以得下列材料分析。该队材料需用计划根据表2-11和表2-12汇总而得，见表2-13。

分项工程材料分析表　　　　　　　　　　　　　表2-11

单位工程名称：某宿舍

计算部位：基础工程

定额编号	工程名称	单位	工程数量	42.5级水泥（kg）	砂子（kg）	白灰（kg）	砖（块）	碎石（kg）
×—×	M5混合砂浆砌砖	m³	200	83.2×200 =16640	415.74×200 =83148	0.00156×200 =3.12	512×200 =102400	—
×—×	C10碎石混凝土垫层	m³	100	199.98×100 =19998	784.77×100 =78477	—	—	1373.6×100 =137360
—	基础工程小计			36638	161625	3.12	102400	137360

分项工程材料分析表　　　　　　　　　　　　　表2-12

单位工程名称：某教学楼　　　　　　　计算部位：结构工程

定额编号	工程名称	单位	工程数量	42.5级水泥（kg）	砂子（kg）	砖（块）
×—×	过梁安装	根	434	10.45×434=4535.3	8.355×434=3626.1	—
×—×	空心板堵眼	块	249	2.93×249=729.60	23.4×249=5826.6	4.5×249=1120.5
	结构工程小计			5264.9	9452.7	1120.5

某队某月材料需用计划　　　　　　　　　　　　表2-13

序号编号	单位工程名称	结构类型	施工部位	42.5级水泥（kg）	砂子（kg）	砖（块）	白灰（kg）	碎石（kg）
×—×	×宿舍	混合	基础	36638	161625	102400	3.12	137360
×—×	×教学楼	框架	结构	5264.9	9452.1	1120.5	—	—
	合计			41902.9	171077.1	103520.5	3.12	137360

根据两项目所提供库存报表，并结合本月生产安排，各种材料现库存及计划周转库存量如表2-14。

2 材料计划管理

材料库存情况 表 2-14

序号	水泥 (kg)		砂子 (kg)		砖（块）		白灰 (kg)		碎石 (kg)	
	期初	期末	期初	期末	期初	期末	期初	期末	期初	期末
1	1050	1500	0	7500	0	0	0	2	0	0
2	450	450	0	2250	0	0	0	0	0	0

根据材料库存情况，其实际材料申请数量＝材料需用量－期初库存量＋期末库存量。由于水泥属材料分公司供应，则单独编制水泥申请计划，并报材料分公司，见表2-15。

材料申请计划 表 2-15

序号	材料名称	规格	单位	项目名称	需用数量	用料时间
1	水泥	42.5	kg	×食堂	37088	×一×
2	水泥	42.5	kg	×办公楼	5264.8	×一×
	合计		kg	—	42352.8	—

砂子、碎石、砖及石灰由项目材料组供应，编制申请计划，报材料组。见表2-16、表2-17。

某食堂工程某月材料申请计划 表 2-16

序号	材料名称	规格	单位	期初库存量	本期需用量	期末库存量	申请量
1	砂子		kg	0	161625	7500	169125
2	砖		块		102400	0	102400
3	白灰		kg	0	3.12	2	5.12
4	碎石		kg	0	137360	0	137360

某办公楼工程某月材料申请计划 表 2-17

序号	材料名称	期初库存量	本期需用量	期末库存量	申请量
1	砂子（kg）	0	9452.1	2250	11702.1
2	砖（块）	0	1120.5	0	1121

2. 材料供应计划的编制实例

【例 2-2】 已知2010年11月30日编次年材料供应计划，有关资料见表2-18。试计算材料供应量。

材料供应计划平衡表 表 2-18

序号	材料名称	单位	现有库存	预计期收支		期初库存量	期末库存量			计划	
				进货	消耗		经常	保险	合计	需用量	供应量
1	××材料	t	20	25	20	25	18.20	4.95	23.15	205	203.15
	……										

【解】

期初库存量＝实际库存＋预计进货量－预计消耗量

＝20＋25－20＝25t

期末储备量＝经常储备＋保险储备
＝18.20＋4.95＝23.15t

材料计划供应量＝计划需用量－期初库存量＋期末储备量
＝205－25＋23.15＝203.15t

【例2-3】 利用【例2-2】提供的资料确定供应进度。

【解】

(1) 根据经常储备定额计算供应次数（N）及供应间隔期（T_g）

$$N = \frac{203.15}{18.20} \approx 11 \text{次}；T_g = \frac{360}{11} \approx 33 \text{（天）}$$

(2) 确定供应进度

按供应间隔期（T_g）直接推算日历时间即可。2月1日第一次进货，33天为供应间隔期，则供应进度应为2月1日、3月6日、4月8日、5月11日、6月13日、7月16日、8月18日、9月20日、10月23日、11月25日、12月28日。每批进货量为18.20t。

【例2-4】 已知某单位本月15日开始编制下个月的材料供应计划。本月16日查库时水泥库存量为20t，现场库存24t，到本月底还有30t水泥按合同约定到货。本月平均日耗用水泥为4t，预计下月平均每日需用水泥比本月每日需用量增加25%，水泥平均供应间隔天数11天，保险储备天数3天，验收入库需1天，月工作日按30天进行计算。试计算：

(1) 下月的期初库存量。
(2) 下月平均每日水泥需用量。
(3) 下月的期末储备量。
(4) 下月的计划水泥供应量。

【解】

(1) 期初库存量

$$20＋24－15×4＋30＝14t$$

(2) 下月水泥平均每日需用量

$$4×(1＋25\%)＝5t$$

(3) 下月期末储备量

$$4×(1＋25\%)×(11＋3＋1)＝75t$$

(4) 下月水泥计划供应量

$$4×(1＋25\%)×30－14＋75＝211t$$

2.3 材料计划的实施

材料计划的编制只是计划工作的开始，更重要的工作是材料计划编制后，进行材料计划的实施，计划的实施阶段是材料计划工作的关键。

2.3.1 组织材料计划的实施

材料计划工作是以材料需用计划为基础的，材料供应计划是企业材料经济活动的主导计划，可使企业材料系统的各部门不仅了解本系统的总目标和本部门的具体任务，而且了解各部门在完成任务中的相互关系，组织各部门从满足施工需要总体要求出发，采取有效措施，保证各自任务的完成，从而保证材料计划的实施。

2.3.2 协调材料计划实施中出现的问题

材料计划在实施中常因受到内部或外部各种因素的干扰，影响材料计划的实现，通常影响材料计划实施的主要因素见表2-19。

影响材料计划实施的因素 表2-19

序号	影响因素	内容
1	施工任务的改变	计划实施中施工任务改变主要是指临时增加任务或临时削减任务等，一般是由于国家基建投资计划的改变、建设单位计划的改变或施工力量的调整等引起的。任务改变后材料计划应作相应调整，否则就要影响材料计划的实现
2	设计变更	施工准备阶段或施工过程中，往往会遇到设计变更，影响材料的需用数量和品种规格，必须及时采取措施，进行协调，尽可能减少影响，以保证材料计划执行
3	采购情况变化	材料到货合同或生产厂家的生产情况发生了变化，影响材料的及时供应
4	施工进度变化	施工进度计划的提前或推迟也会影响到材料计划的正确执行。在材料计划发生变化时，要加强材料计划的协调，做好以下几项工作： (1) 挖掘内部潜力，利用库存储备以解决临时供应不及时的矛盾； (2) 利用市场调节的有利因素，及时向市场采购； (3) 同供料单位协商，临时增加或减少供应量； (4) 与有关单位进行余缺调剂； (5) 在企业内部有关部门之间进行协商，对施工生产计划和材料计划进行必要修改

为了做好协调工作，必须掌握动态，了解材料系统各个环节的工作进程，通常通过统计检查、实地调查以及信息交流等方法，检查各有关部门对材料计划的执行情况，及时进行协调，以确保材料计划的实现。

2.3.3 建立材料计划分析和检查制度

为了能够及时发现计划执行中的问题，确保材料计划的全面完成，建筑企业应从上到下按照计划的分级管理职责，在计划实施反馈信息的基础上进行计划的检查与分析。材料计划的主要检查制度见表2-20。

材料计划的检查制度 表2-20

序号	检查制度	内容
1	现场检查制度	基层领导人员应经常深入施工现场，随时掌握生产过程中的实际情况，了解工程形象进度是否正常，资源供应是否协调，各专业队组是否达到定额及完成任务的好坏，做到及早发现问题、及时加以处理解决，并按实际向上一级反映情况
2	定期检查制度	建筑企业各级组织机构应有定期的生产会议制度，检查与分析计划的完成情况。例如公司级生产会议每月2次，工程处一级每周1次，施工队则每日有生产碰头会。通过这些会议检查分析工程形象进度、资源供应、各专业队组完成定额的情况等，做到统一思想、统一目标、及时解决各种问题

2.3 材料计划的实施

续表

序号	检查制度	内容
3	统计检查制度	统计是检查企业计划完成情况的有力工具,是企业经营活动的各个方面在时间和数量方面的计算与反映。它为各级计划管理部门了解情况、决策、指导工作、制定和检查计划提供可靠的数据与情况。通过统计报表和文字分析,及时准确地反映计划完成的程度和计划执行中的问题,反映基层施工中的薄弱环节,为揭露矛盾、研究措施、跟踪计划和分析施工动态提供依据

2.3.4 材料计划的变更和修订

材料计划的多变,是由它本身的性质所决定的。计划总是人们在认识客观世界的基础上制定出来的,它受人们的认识能力和客观条件制约,所编制出的计划的质量就会有差异。计划与实际脱节往往不可能完全避免,然而,重要的是一经发现,就应调整原计划。自然灾害、战争等突发事件通常不易被认识,一旦发生,则会引起材料资源和需求的重大变化。材料计划涉及面广,与各部门、各地区以及各企业都有关系,一方有变,牵动他方,也使材料资源和需要发生变化。这些主客观条件的变化必然引起原计划的变更。为了使计划更加符合实际,维护计划的严肃性,就需要对计划及时调整和修订。

1. 变更或修订材料计划的一般情况

材料计划的变更及修订,除上述基本因素外,还有一些具体原因。通常,出现了表2-21中的情况时,也需要对材料计划进行调整和修订。

影响变更或修订材料计划的因素 表 2-21

序号	变更因素	内容
1	任务量变化	任务量是确定材料需用量的主要依据之一,任务量的增加或减少,将相应地引起材料需要量的增加或减少。在编制材料计划时,不可能将计划任务变动的各种因素都考虑在内,只有待问题出现后,通过调整原计划来解决。 (1) 在项目施工过程中,由于技术革新,增加了新的材料品种,原计划需要的材料出现多余,就要减少需要;或者根据用户的意见对原设计方案进行修订,这时所需材料的品种和数量将发生变化; (2) 在基本建设中,由于编制材料计划时图纸和技术资料尚不齐全,原计划实属概算需要,待图纸和资料到齐后,材料实际需要常与原概算情况有出入,这时也需要调整材料计划。同时,由于现场地质条件及施工中可能出现的变化因素,需要改变结构、改变设备型号,材料计划调整不可避免; (3) 在工具和设备修理中,编制计划时很难预计修理需要的材料,实际修理需用的材料与原计划中申请材料常常有出入,调整材料计划完全有必要
2	工艺变更	设计变更必然引起工艺变更,需要的材料当然就不一样。设计未变,但工艺变了,加工方法、操作方法变了,材料消耗可能与原来不一样,材料计划也要相应调整
3	其他原因	如计划初期预计库存不正确、材料消耗定额变了、计划有误等,都可能引起材料计划的变更,需要对原计划进行调整和修订。 材料计划变更主要是由生产建设任务的变更所引起的。其他变更对材料计划当然也产生一定影响,但变更的数量远比生产和基建计划变更少

由于上述种种原因，必须对材料计划进行合理的修订及调整。如不及时进行修订，将使企业发生停工待料的危险，或使企业材料大量闲置积压。这不仅会使生产建设受到影响，而且直接影响企业的财务状况。

2. 材料计划的变更及修订方法

材料计划的变更及修订主要方法见表 2-22。

材料计划的变更及修订方法　　　　　　　　　表 2-22

序号	变更及修订方法	内　容
1	全面调整或修订	全面调整或修订主要是指材料资源和需要发生了大的变化时的调整，如前述的自然灾害、战争或经济调整等，都可能使资源和需要发生重大变化，这时需要全面调整计划
2	专案调整或修订	专案调整或修订主要是指由于某项任务的突然增减；或由于某种原因，工程提前或延后施工；或生产建设中出现突然情况等，使局部资源和需要发生了较大变化，一般用待分配材料安排或当年储备解决，必要时通过调整供应计划解决
3	临时调整或修订	如生产和施工过程中，临时发生变化，就必须临时调整，这种调整也属于局部性调整，主要是通过调整材料供应计划来解决

3. 材料计划的调整及修订中应注意的问题

材料计划的调整及修订中应注意的主要问题见表 2-23。

材料计划的调整及修订应注意的问题　　　　　　　　　表 2-23

序号	应注意的问题	内　容
1	维护计划的严肃性和实事求是地调整计划	在执行材料计划的过程中，根据实际情况的不断变化，对计划作相应的调整或修订是完全必要的。但是要注意避免轻易地变更计划，无视计划的严肃性，认为有无计划都得保证供应，甚至违反计划、用计划内材料搞计划外项目，也通过变更计划来满足。当然，不能把计划看作是一成不变的，在任何情况下都机械地强调维持原来的计划，明明计划已不符合客观实际的需要，仍不去调整、修订、解决，这也和事物的发展规律相违背。正确的态度和做法是，在维护计划严肃性的同时，坚持计划的原则性和灵活性的统一，实事求是地调整和修订计划
2	权衡利弊后尽可能把调整计划压缩到最小限度	调整计划虽然是完全必要的，但许多时候调整计划总要或多或少地造成一些损失。所以，在调整计划时，一定要权衡利弊，把调整的范围压缩到最小限度，使损失尽可能地减少到最小
3	及时掌握情况	(1) 做好材料计划的调整或修订工作，材料部门必须主动和各方面加强联系，掌握计划任务安排和落实情况，如了解生产建设任务和基本建设项目的安排与进度，了解主要设备和关键材料的准备情况，对一般材料也应按需要逐项检查落实。如果发生偏差，迅速反馈，采取措施，加以调整。 (2) 掌握材料的消耗情况，找出材料消耗升降的原因，加强定额管理，控制发料，防止超定额用料而调整申请量。 (3) 掌握资源的供应情况。不仅要掌握库存和在途材料的动态，还要掌握供方能否按时交货等情况。 掌握上述三方面的情况，实际上就是要做到需用清楚、消耗清楚和资源清楚，以利于材料计划的调整和修订

2.3 材料计划的实施

续表

序号	应注意的问题	内 容
4	妥善处理、解决调整和修订材料计划中的相关问题	材料计划的调整或修订，追加或减少的材料，一般以内部平衡调剂为原则，减少部分或追加部分内部处理不了或不能解决的，由负责采购或供应的部门协调解决。特别注意的是，要防止在调整计划中拆东墙补西墙、冲击原计划的做法。没有特殊原因，材料应通过机动资源和增产解决

2.3.5 材料计划的执行效果的考核

材料计划的执行效果，应该有一个科学的考评方法，通过指标考评，激励各部门认真实施材料计划。其中一个比较重要内容就是建立材料计划指标体系。材料计划指标体系应包括的主要指标见表 2-24。

材料计划指标体系的主要指标　　　　　表 2-24

序号	主 要 指 标
1	采购量及到货率
2	供应量及配套率
3	自有运输设备的运输量
4	流动资金占用额及周转次数
5	材料成本的降低率
6	主要材料的节约率和节约额

2.3.6 材料计划实施分析实例

【例 2-5】 已知某些施工单位编制材料计划以后，很少能在整个计划期内得到贯彻，以致使材料管理工作混乱，忙于应付。试分析：

（1）材料计划不能正确实施的原因。

（2）简述材料计划的实施要点。

【解】

（1）材料计划不能正确实施的原因

1）材料计划编制所依据的客观情况是变化的，客观情况变动后，若不及时调整计划，则原计划也执行不了。

2）编制计划脱离了施工生产实际情况，确实执行不了。

3）材料计划的实施需要各有关部门的配合，各部门之间的工作不协调，会导致材料计划执行不了。

（2）材料计划实施要点

1）组织材料计划的实施。

2）协调材料计划实施中出现的问题。

① 利用市场调节的有利因素，及时向市场采购。

② 挖掘内部潜力，利用库存解决临时供应不及时的矛盾。

③ 与企业内部各部门协调，对企业计划作必要的修改等。

④ 同供料单位协商临时增加或减少供应量。

3) 建立计划分析与检查制度：

① 现场检查制度。

② 定期检查制度。

③ 统计检查制度。

4) 计划的变更和修订：因任务量变化、设计变更及工艺变动等原因，导致计划需要变更与修订，其修订的方法有：

① 专案调整或修订。

② 全面调整或修订。

③ 临时调整或修订等。

5) 考核执行材料计划的效果。

【例 2-6】 某施工单位全年计划进货水泥 257000t，其中合同进货 192750t，市场采购 38550t，建设单位来料 25700t。最终实际到货的情况是：合同到货 183115t，市场采购 32768t，建设单位来料 15420t。问题：

(1) 分析全年水泥进货计划完成情况。

(2) 激励各部门实施材料计划的手段是什么，指标有哪些？

【解】

(1) 水泥进货计划完成情况分析：

1) 总计划完成率：

$$\frac{183115+32768+15420}{257000}\times 100\% = 90\%$$

2) 合同到货完成率：

$$\frac{183115}{192750}\times 100\% = 95\%$$

3) 市场采购完成率：

$$\frac{32768}{38550}\times 100\% = 85\%$$

4) 建设单位来料完成率：

$$\frac{15420}{25700}\times 100\% = 60\%$$

(2) 激励各部门实施材料计划的手段是考核各部门实施材料计划的经济效果，主要指标有：

1) 采购量及到货率。

2) 供应量及配套率。

3) 自有运输设备的运输量。

4) 占用流动资金及资金周转次数。

5) 材料成本降低率。

6) 三大材料的节约额和节约率。

3 材料采购与验收管理

3.1 材料采购验收基础知识

3.1.1 材料采购的概念

建筑企业材料管理主要包括采购、运输、储备以及供应四大业务环节,采购是首要环节。材料采购就是通过各种渠道,把建筑施工和生产用材料购买进来,确保施工生产的顺利进行。经济合理地选择采购对象和采购批量,并按质、按量、按时运入企业,对于保证施工生产、充分发挥材料使用效能、提高工程质量、降低工程成本、提高企业的经济效益,都具有重要的意义。

3.1.2 材料采购的原则

材料采购的主要原则见表3-1。

材料采购的主要原则 表3-1

序号	主要原则	内容
1	遵守法律法规的原则	材料采购工作应遵守国家、地方的有关法律和法规,执行国家政策,由物资管理政策和经济管理法令指导采购,自觉维护国家物资管理秩序
2	按计划采购的原则	采购计划的依据是施工生产需用。按照生产进度安排采购时间、品种、规格和数量,可以减少资金占用,避免供需脱节或库存积压,发挥资金最大效益
3	择优选择的原则	材料采购的另一个目标,是加强材料成本核算,降低材料成本。在采购时比质量、比价格、比运距及供应条件,经综合分析、对比、评价后择优选择供货,实现降低材料采购成本目标
4	遵合同、守信用的原则	材料采购工作,是企业经营活动的重要组成部分,体现着企业的信誉水平。材料采购部门和业务人员应做到遵合同、守信用,提高企业的信誉

3.1.3 材料采购的影响因素

随着流通环节的不断发展,社会物资资源渠道增多,市场的不断变化,企业内部项目管理办法的普遍实施等,使材料采购受企业内、外诸多因素的影响。在组织材料采购时,应综合企业各方面各部门利益,从而保证整体利益。

1. 企业外部因素影响

(1) 资源渠道因素

按照物资流通经过的环节,资源渠道通常包括以下几个方面:

1) 生产企业，这一渠道供应稳定，价格较其他部门和环节低，并能根据需要进行加工处理，是一条较有保证的经济渠道。

2) 物资流通部门，特别是属于某行业或某种材料生产系统的物资部门，资源丰富，品种规格齐备，资源保证能力较强，是国家物资流通的主渠道。

3) 社会商业部门，这类材料经销部门数量较多，经营方式灵活，对于解决品种短缺能起到良好的作用。

(2) 供货方的水平因素

供货方在时间上、品种上、质量上以及信誉上能否满足需货方要求，是考核其供应能力的基本依据。采购部门要定期分析供货方的供应水平并做出定量考核指标，以确定采购对象。

(3) 市场供求因素

由于工商、税务、利率、投资、价格以及政策等诸多方面影响，市场的供求因素经常变化，掌握市场行情、预测市场动态是采购人员的任务，也是在采购竞争中取胜的重要因素。

2. 企业内部影响因素

企业内部的主要影响因素应见表3-2。

企业内部影响因素　　　　　　　　　　　　表3-2

序号	影响因素	内容
1	施工生产因素	建筑施工生产程序性、配套性强，物资需求呈阶段性，材料供应批量与零星采购交叉进行。由于设计变更、计划改变及施工工期调整等因素，材料需求非确定因素较多，各种变化都会波及材料需求和使用。采购人员应掌握施工规律，预计可能出现的问题，使材料采购适应实际生产需用
2	仓储能力因素	采购批量受到料场、仓库堆放能力的限制，同时采购批量也影响着采购时间间隔。应根据施工生产平均每日需用量，在考虑采购间隔时间、验收时间和材料加工准备时间的基础上，确定采购批量和供应间隔时间等
3	资金因素	采购批量是以施工生产需用为主要因素确定的，但采购资金的限制也将改变或调整批量，增减采购次数。当资金缺口较大时，可按缓急程度分别采购

除上述影响因素外，采购人员自身素质、材料质量等对材料采购也有一定的影响。

3.1.4 材料采购管理制度

材料采购管理制度是材料采购过程采购权的划分和相关工作的规定。采购权原则上应集中在企业决策层。在具体实施时，分别处理。

1. 集中采购管理制度

集中采购是指由企业统一采购材料，通过企业内部材料市场分别向施工项目供应材料。集中采购有利于对材料的指导、控制、统一决策、统筹采购资金，获得材料折扣优惠，降低材料采购成本，然而由于施工项目分散，难管理，不能发挥就地采购优势。

2. 分散采购制度

分散采购是由施工项目自行组织采购。它能发挥项目部的积极性，因地制宜，适应现场情况变化，然而，不能发挥集中采购的诸多优势。

3. 混合采购制度

混合采购是对通用材料、大宗材料由企业统一管理，特殊、零星材料分散采购。它汇集了集中采购和分散采购的优点，避其不足，是一种较为成熟的采购制度。

3.1.5 材料验收基本要求

建筑材料是建筑工程的物质基础，合理使用材料是保证建筑工程质量优质的重要环节，我们必须把好工程质量第一关，杜绝不合格的材料进入工地。

1. 原材料检验制度

（1）原材料质量保证由提供者直接负责，凡达不到规定标准者一律不得采购与投入使用。

（2）所有投入使用的材料或半成品、成品的构件必须有质量合格证明，并由监理现场取样送检，确认合格并将有关资料报监理签发认可，方可投入施工，未经检验或复检不合格的材料不得投入工程使用。

（3）所有应检验的材料均须按甲方指定单位送检，不得弄虚作假。

（4）严格执行材料见证取样制度。

2. 原材料验收要求

（1）主要建筑材料

1）检验范围：钢材、水泥、砖、砂石、防水材料、装饰材料、半成品。

2）材料的验收是根据采购员的通知和采购的手续，分供方的供料、凭单和凭证在这些材料验收地或施工现场验收，并参照有关的资料对名称、规格（标识）、数量、外观特征、包装标识通过适当的检查，对照、检测计量等加以检验，确定是否符合要求。

3）必须进行取样试验的材料：凡不在施工现场内的材料取样由采购员负责取样，并对样品负责；凡在施工现场的材料由材料部门出书面通知，通知试验员取样。书面通知必须写明材料的数量、规格、型号、厂家。试验员取样、送检后，持实验室出具的实验合格报告单通知施工员该材料合格，该材料方可使用进入下道工序，并跟踪记录材料使用去向，以确保追溯性。

4）材料的材质报告和合格证，复试报告都由资料员保存整理。

5）验收人应在验收合格的情况下办理验收手续，并做好这类材料的进货验收和领料的质量记录，资料员做好这些材质证和复检情况的质量记录。

6）未经检验或试验不合格时，在施工中不得投入使用或加工，对于钢材、水泥、面砖、油漆、涂料不得紧急放行使用或加工，凡用于紧急放行材料，以确定为不合格时能及时追回或更换为条件，并做好放行记录，对验收不合格的执行《不合格品控制程序》。

（2）用于施工或为施工服务的建筑材料

1）这类材料包括周转材料和五金、化工、辅助用料、劳保用品等。

2）通常情况下，周转料架管扣件执行公司有关文件的规定，项目只对数量和有关质量验收，对胶合板用料应有外观尺寸的验收，并取得合格证；木材用料按照材料验收规范验收。

3）对其他类建筑用料，检查其合格证，外包装及标识牌，并做好材料验收记录。

4）凡因生产急需来不及检验的放行，只有当设计部门和业主书面批准或指令时，才允许未经检验的材料和构件紧急使用（主体结构、主要设备、关键特殊工序的主材不能紧急放行）或转入下道工序，此时，应明确标识，做好记录，保证可追回或更换，同时原计划应进行的检验仍继续进行。

5）只有当设计部门书面批准时，才允许经检验不合格的建筑材料和结构构件按批准书的规定降级使用（转入下道工序）；此时必须做好记录，保证可追溯性。

6）每季度对进货检验与试验、工程检验与试验情况进行统计。

3.2 材料采购管理的内容

采购管理是计划下达、采购单生成、采购单执行、到货接收、检验入库、采购发票的收集到采购结算的采购活动的全过程，对采购过程中物流运动的各个环节状态进行严密的跟踪、监督，实现对企业采购活动执行过程的科学管理。

3.2.1 材料采购信息的管理

采购信息是施工企业材料经营决策的依据，是采购业务咨询的基础资料，是进行资源开发，扩大货源的条件。

1. 材料采购信息的种类

（1）资源信息

资源信息包括资源的分布，生产企业的生产能力，产品结构，销售动态，产品质量，生产技术发展，甚至原材料基地，生产用燃料和动力的保证能力，生产工艺水平，生产设备等。

（2）供应信息

供应信息包括基本建设信息，建筑施工管理体制变化，项目管理方式，材料储备运输情况，供求动态，紧缺及呆滞材料情况。

（3）市场信息

生产资料市场及物资贸易中心的建立、发展及其市场占有率，国家有关生产资料市场的政策等。

（4）价格信息

现行国家价格政策，市场交易价格及专业公司牌价，地区建筑主管部门颁布的预算价格，国家公布的外汇交易价格等。

（5）新技术、新产品信息

新技术、新产品的品种，性能指标，应用性能及可靠性等。

（6）政策信息

国家和地方颁布的各种方针、政策、规定、国民经济计划安排，材料生产、销售、运输管理办法，银行贷款、资金政策，以及对材料采购发生影响的其他信息。

2. 信息的来源

材料采购信息首先应具有及时性，即速度要快，效率要高，失去时效也就失去了使用价值；其次应具有可靠性，有可靠的原始数据，切忌道听途说，以免造成决策失误；还应具有一定的深度，反映或代表一定的倾向性，提出符合实际需要的建议。在收集信息时，应力求广泛，其主要途径有：

（1）有关学术、技术交流会提供的资料。
（2）各报刊、网络等媒体和专业性商业情报刊载的资料。
（3）广告资料。
（4）各种供货会、展销会、交流会提供的资料。
（5）采购人员提供的资料及自行调查取得的信息资料等。
（6）政府部门发布的计划、通报及情况报告。

3. 信息的整理

为了有效高速地采撷信息、利用信息，企业应建立信息员制度和信息网络，应用电子计算机等管理工具，随时进行检索、查询和定量分析。采购信息整理常用的方法有：

（1）运用统计报表的形式进行整理。按照需用的内容，从有关资料、报告中取得有关的数据，分类汇总后，得到想要的信息。例如根据历年材料采购业务工作统计，可整理出企业历年采购金额及其增长率，各主要采购对象合同兑现率等。

（2）对某些较重要的、经常变化的信息建立台账，做好动态记录，以反映该信息的发展状况。如按各供应项目分别设立采购供应台账，随时可以查询采购供应完成程度。

（3）以调查报告的形式就某一类信息进行全面的调查、分析、预测，为企业经营决策提供依据。如针对是否扩大企业经营品种，是否改变材料采购供应方式等展开调查，根据调查结果整理出"是"或"否"的经营意向，并提出经营方式、方法的建议。

4. 信息的使用

搜集、整理信息是为了使用信息，为企业采购业务服务。信息经过整理后，应迅速反馈有关部门，以便进行比较分析和综合研究，制定合理的采购策略和方案。

3.2.2 材料采购及加工业务

建筑企业采购和加工业务是有计划、有组织进行的。其内容有计划、设计、洽谈、签订合同、调运、验收和付款等工作，其业务过程可分为准备、谈判、成交、执行及结算五个阶段。

1. 材料采购和加工业务的准备

采购和加工业务，需要有一个较长时间的准备，无论是计划分配材料或市场采购材料，都必须按照材料采购计划，事先做好细致的调查研究工作，摸清需要采购和加工材料的品种、规格、型号、质量、数量、价格、供应时间和用途，以便落实资源。准备阶段中，必须做好下列主要工作：

（1）按照材料分类，确定各种材料采购和加工的总数量计划。

（2）按照需要采购的材料，了解有关厂矿的供货资源，选定供应单位，提出采购矿点的要货计划。

（3）选择和确定采购、加工企业，这是做好采购和加工业务的基础。必须选择设备齐全、加工能力强、产品质量好和技术经验丰富的企业。此外，如企业的生产规模、经营信誉等，在选择中均应摸清情况。在采购和加工大量材料时，还可采用招标的方法，以便择优落实供应单位和承揽加工企业。

（4）按照需要编制市场采购和加工材料计划，报请领导审批。

2. 材料采购和加工业务的谈判

材料采购和加工计划经有关单位平衡安排，领导批准后，即可开展业务谈判活动。所谓业务谈判，就是材料采购业务人员与生产、物资或商业等部门进行具体的协商和洽谈。

业务谈判应遵守国家和地方制定的物资政策、物价政策和有关法令，供需双方应本着地位平等、相互谅解、实事求是，搞好协作的精神进行谈判。

（1）采购业务谈判的主要内容

1）明确采购材料的名称、品种、规格和型号、数量和价格。

2）确定采购材料的质量标准和验收方法。

3）确定采购材料的运输办法、交货地点、方式、办法、交货日期以及包装要求等。

4）确定违约责任、纠纷解决方法等其他事项。

（2）加工业务谈判的主要内容

业务谈判，一般要经过多次反复协商，在双方取得一致意见时，业务谈判就告完成。加工业务谈判的主要内容如下：

1）明确加工品的数量、名称、品种、规格、技术性能和质量要求，以及技术鉴定和验收方法。

2）确定加工品的加工费用和自筹材料的材料费用，以及结算办法。

3）确定加工品的运输办法、交货地点、方式、办法，以及交货日期及其包装要求。

4）确定供料方式，如由定作单位提供原材料的带料加工或承揽单位自筹材料的包工包料，以及所需原材料的品种、规格、质量、定额、数量和提供日期。

5）确定定做单位提供加工样品的，承揽单位应按样品复制；定作单位提供设计图纸资料的，承揽单位应按设计图纸加工；生产技术比较复杂的，应先试制，经鉴定合格后成批生产。

6）确定原材料的运输办法及其费用负担。

7）确定双方应承担的责任。

3. 材料采购加工的成交

材料采购加工业务，经过与供应单位反复酝酿和协商，取得一致意见时，达成采购、销售协议，称为成交。

成交的形式，目前有签订合同的订货形式、签发提货单的提货形式和现货现购等形式。

（1）订货形式

建筑企业与供应单位按双方协商确定的材料品种、质量和数量，将成交所确定的有关事项用合同形式固定下来，以便双方执行。订购的材料，按合同交货期分批交货。

（2）提货形式

由供应单位签发提货单，建筑企业凭单到指定的仓库或堆栈，按规定期限提取。提货单有一次签发和分期签发二种，由供需双方在成交时确定。

（3）现货现购

建筑企业派出采购人员到物资门市部、商店或经营部等单位购买材料，货款付清后，当场取回货物，即所谓"一手付钱、一手取货"银货两讫的购买形式。

（4）加工形式

4. 材料采购和加工业务的执行

材料采购和加工，经供需双方协商达成协议签订合同后，由供方交货，需方收货。这个交货和收货过程，就是采购和加工的执行阶段。主要有以下几个方面：

（1）交货日期

供需双方应按规定的交货日期及其数量如期履行，供方应按规定日期交货，需方应按规定日期收（提）货。如未按合同规定日期交货或提货，应作未履行合同处理。

（2）材料验收

材料验收，应由建筑企业派员对所采购的材料和加工品进行数量和质量验收。数量验收，应对供方所交材料进行检点。发现数量短缺，应迅速查明原因，向供方提出。材料质量分为外观质量和内在质量，分别按照材料质量标准和验收办法进行验收。发现不符合规定质量要求的，不予验收；如属供方代运或送货的，应一面妥为保管，一面在规定期限内向供方提出书面异议。

（3）材料交货地点

材料交货地点，一般在供应企业的仓库、堆场或收料部门事先指定的地点。供需双方应按照成交确定的或合同规定的交货地点进行材料交接。

（4）材料交货方式

材料交货方式，指材料在交货地点的交货方式，有车、船交货方式和场地交货方式。由供方发货的车、船交货方式，应由供应企业负责装车或装船。

（5）材料运输

供需双方应按成交确定的或合同规定的运输办法执行。委托供方代运或由供方送货，如发生材料错发到货地点或接货单位，应立即向对方提出，按协议规定负责运到规定的到货地点或接货单位，由此而多支付运杂费用，由供方承担；如需方填错或临时变更到货地点，由此而多支付的费用，应由需方承担。

5. 材料采购和加工的经济结算

经济结算，是建筑企业对采购的材料，用货币偿付给供货单位价款的清算。采购材料的价款，称为货款；加工的费用，称为加工费，除应付货款和加工费外，还有应付委托供货和加工单位代付的运输费、装卸费、保管费和其他杂费。

经济结算有异地结算和同城结算两大类：

异地结算：系指供需双方在两个城市间进行结算。它的结算方式有：异地托收承付结算、信汇结算，以及部分地区试行的限额支票结算等方式；

同城结算：是指供需双方在同一城市内进行结算。结算方式有：同城托收承付结算、委托银行付款结算、支票结算和现金结算等方式。

（1）托收承付结算

托收承付结算，系由收款单位根据合同规定发货后，委托银行向付款单位收取货款，付款单位根据合同核对收货凭证和付款凭证等无误后，在承付期内承付的结算方式。

（2）信汇结算

信汇结算，是由收款单位在发货后，将收款凭证和有关发货凭证，用挂号函件寄给付款单位，经付款单位审核无误通过银行汇给收款单位。

(3) 委托银行付款结算

委托银行付款结算，由付款单位按采购材料货款，委托银行从本单位账户中将款项转入指定的收款单位账户的一种同城结算方式。

(4) 支票结算

支票结算，由付款单位签发支票，由收款单位通过银行，凭支票从付款单位账户中支付款项的一种同城结算方式。

(5) 现金结算

现金结算，是由采购单位持现金向商店购买零星材料的货款结算方式。每笔现金货款结算金额，按照各地银行所规定的现金限额内支付。

货款和费用的结算，应按照中国人民银行的规定，在成交或签订合同时具体明确结算方式和具体要求。

3.2.3 材料采购合同的管理

当采取订货方式采购材料时，供需双方必须依法签订采购合同。材料采购合同是供需双方为了有偿转让一定数量的材料而明确的双方权利义务关系，依照法律规定而达成的协议。合同依法成立即具有法律效力。

1. 材料采购合同的概念

材料采购合同是指平等主体的自然人、法人以及其他组织之间，以工程项目所需材料为标的、以材料买卖为目的，出卖人（简称卖方）转移材料的所有权于买受人（简称买方），买受人支付材料价款的合同。

2. 材料采购合同的订立

(1) 材料采购合同的订立方式

材料采购合同的订立可采用的方式见表3-3。

材料采购合同的订立方式　　　　　　　　　　　　表3-3

符号	订立方式	内容
1	公开招标	即由招标单位通过新闻媒介公开发布招标广告，以邀请不特定的法人或者其他组织投标，按照法定程序在所有符合条件的材料供应商、建材厂家或建材经营公司中择优选择中标单位的一种招标方式。大宗材料采购通常采用公开招标方式进行材料采购
2	邀请招标	即招标人以投标邀请书的方式邀请特定的法人或者其他组织投标，只有接到投标邀请书的法人或其他组织才能参加投标的一种招标方式，其他潜在的投标人则被排除在投标竞争之外。一般地，邀请招标必须向3个以上的潜在投标人发出邀请
3	询价、报价、签订合同	物资买方向若干建材厂商或建材经营公司发出询价函，要求他们在规定的期限内做出报价，在收到厂商的报价后，经过比较，选定报价合理的厂商或公司并与其签订合同
4	直接订购	由材料买方直接向材料生产厂商或材料经营公司报价，生产厂商或材料经营公司接受报价、签订合同

3.2 材料采购管理的内容

(2) 材料采购合同的签订要求

材料采购合同的签订主要应符合表 3-4 中的要求。

材料采购合同的签订要求　　　　　　　　表 3-4

序号	签订要求	内　　容
1	符合法律规定	购销合同是一种经济合同，必须符合《合同法》等法律法规和政策的要求
2	主体合法	合同当事人必须符合有关法律规定，当事人应当是法人、有营业执照的个体经营户、合法的代理人等
3	内容合法	合同内容不得违反国家的政策、法规，损害国家及他人利益。物资经营单位购销的物资，不得超过工商行政管理部门核准登记的经营范围
4	形式合法	购销合同一般应采用书面形式，由法定代表人或法定代表人授权的代理人签字，并加盖合同专用章或单位公章

(3) 材料采购合同的签订程序

经合同双方当事人依法就主要条款协商一致即告成立。签订合同人必须是具有法人资格的企事业单位的法定代表人或由法定代表人委托的代理人。签订合同的程序要经过表 3-5 中的几个步骤。

材料采购合同的签订程序　　　　　　　　表 3-5

序号	签订程序	内　　容
1	要约	合同一方（要约方）当事人向对方（受要约方）明确提出签订材料采购合同的主要条款，以供对方考虑，要约通常采用书面或口头形式
2	承诺	对方（受要约方）对他方（要约方）的要约表示接受，即承诺。对合同内容完全同意，合同即可签订
3	反要约	对方对他方的要约要增减或修改，则不能认为承诺，叫作反要约，经供需双方反复协商取得一致意见，达成协议，合同即告成立

(4) 材料采购合同的主要条款

依据《合同法》规定，材料采购合同的主要条款见表 3-6。

材料采购合同的主要条款　　　　　　　　表 3-6

序号	主　要　条　款
1	双方当事人的名称、地址，法定代表人的姓名，委托代理订立合同的，应有授权委托书并注明委托代理人的姓名、职务等
2	合同标的。它是供应合同的主要条款，主要包括购销材料的名称（注明牌号、商标）、品种、型号、规格、等级、花色、技术标准等，这些内容应符合施工合同的规定
3	技术标准和质量要求。质量条款应明确各类材料的技术要求、试验项目、试验方法、试验频率以及国家法律规定的国家强制性标准和行业强制性标准
4	材料数量及计量方法。材料数量的确定由当事人协商，应以材料清单为依据，并规定交货数量的正负尾差、合理磅差和在途自然减（增）量及计量方法，计量单位采用国家规定的度量标准。计量方法按国家的有关规定执行，没有规定的，可由当事人协商执行。一般建筑材料数量的计量方法有理论换算计量、检斤计量和计件计量，具体采用何种方式应在合同中注明，并明确规定相应的计量单位

续表

序号	主 要 条 款
5	材料的包装。材料的包装是保护材料在储运过程中免受损坏不可缺少的环节。材料的包装条款包括包装的标准和包装物的供应及回收,包装标准是指材料包装的类型、规格、容量以及印刷标记等。材料的包装标准可按国家和有关部门规定的标准签订,当事人有特殊要求的,可由双方商定标准,但应保证材料包装适合材料的运输方式,并根据材料特点采取防潮、防雨、防锈、防振、防腐蚀等保护措施。同时,在合同中规定提供包装物的当事人及包装品的回收等。除国家明确规定由买方供应外,包装物应由建筑材料的卖方负责供应。包装费用一般不得向需方另外收取,如买方有特殊要求,双方应当在合同中商定。如果包装超过原定的标准,超过部分由买方负担费用;低于原定标准的,应相应降低产品价格
6	材料交付方式。材料交付可采取送货、自提和代运3种不同方式。由于工程用料数量大、体积大、品种繁杂、时间性较强,当事人应采取合理的交付方式,明确交货地点,以便及时、准确、安全、经济地履行合同
7	材料的交货期限。材料的交货期限应在合同中明确约定
8	材料的价格。材料的价格应在订立合同时明确,可以是约定价格,也可以是政府指定价或指导价
9	结算。结算指买卖双方对材料货款、实际交付的运杂费和其他费用进行货币清算和了结的一种形式。我国现行结算方式分为现金结算和转账结算两种,转账结算在异地之间进行,可分为托收承付、委托收款、信用证、汇兑或限额结算等方法;转账结算在同城进行,有支票、付款委托书、托收无承付和同城托收承付等方式
10	违约责任。在合同中,当事人应对违反合同所负的经济责任做出明确规定
11	特殊条款。如果双方当事人对一些特殊条件或要求达成一致意见,可在合同中明确规定,成为合同的条款。当事人对以上条款达成一致意见形成书面后,经当事人签名盖章即产生法律效力,若当事人要求鉴证或公证的,则经鉴证机关或公证机关盖章后方可生效
12	争议的解决方式

3. 材料采购合同的履行

材料采购合同订立后,应当依照《合同法》的规定予以全面地、实际地履行,见表3-7。

材料采购合同的履行内容　　　　　表3-7

序号	履行内容	说　　明
1	按约定的标的履行	卖方交付的货物必须与合同规定的名称、品种、规格、型号相一致,除非买方同意,不允许以其他货物代替履行合同,也不允许以支付违约金或赔偿金的方式代替履行合同
2	按合同规定的期限、地点交付货物	交付货物的日期应在合同规定的交付期限内,实际交付的日期早于或迟于合同规定的交付期限,即视为提前或延期交货。提前交付,买方可拒绝接受,逾期交付的,应当承担逾期交付的责任。如果逾期交货,买方不再需要,应在接到卖方交货通知后15天内通知卖方,逾期不答复的,视为同意延期交货。 交付的地点应在合同指定的地点。合同双方当事人应当约定交付标的物的地点,如果当事人没有约定交付地点或者约定不明确,事后没有达成补充协议,也无法按照合同有关条款或者交易习惯确定,则适用下列规定:标的物需要运输的,卖方应当将标的物交付给第一承运人以便运交给买方;标的物不需要运输的,买卖双方在订立合同时知道标的物在某一地点的,卖方应当在该地点交付标的物;不知道标的物在某一地点的,应当在卖方合同订立时的营业地交付标的物

3.2 材料采购管理的内容

续表

序号	履行内容	说　　明
3	按合同规定的数量和质量交付货物	对于交付货物的数量应当当场检验，清点账目后，由双方当事人签字。对质量的检验，外在质量可当场检验，对内在质量，需作物理或化学试验的，试验的结果为验收的依据。卖方在交货时，应将产品合格证随同产品交买方据以验收。 材料的检验，对买方来说既是一项权利也是一项义务，买方在收到标的物时，应当在约定的检验期间内检验，没有约定检验期间的，应当及时检验。 当事人约定检验期间的，买方应当在检验期间内将标的物的数量或者质量不符合约定的情形通知卖方。买方怠于通知的，视为标的物的数量或者质量符合约定。当事人没有约定检验期间的，买方应当在发现或者应当发现标的物的数量或者质量不符合约定的合理期间内通知卖方。买方在合理期间内未通知或者自标的物收到之日起2年内未通知卖方的，视为标的物的数量或者质量符合约定，但对标的物有质量保证期的，适用质量保证期，不适用该2年的规定。卖方知道或者应当知道提供的标的物不符合约定的，买方不受前两款规定的通知时间的限制
4	买方的义务	买方在验收材料后，应按合同规定履行支付义务，否则承担法律责任
5	违约责任	（1）卖方的违约责任。卖方不能交货的，应向买方支付违约金；卖方所交货物与合同规定不符的，应根据情况由卖方负责包换、包退，包赔由此造成的买方损失；卖方承担不能按合同规定期限交货的责任或提前交货的责任。 （2）买方违约责任。买方中途退货，应向卖方偿付违约金；逾期付款，应按中国人民银行关于延期付款的规定或合同的约定向卖方偿付逾期付款违约金

4. 标的物的风险承担

风险是指标的物由于不可归责于任何一方当事人的事由而遭受的意外损失。通常，标的物损毁、灭失的风险，在标的物交付之前由卖方承担，交付之后由买方承担。

由于买方的原因致使标的物不能按约定的期限交付的，买方应当自违反约定之日起承担其标的物损毁、灭失的风险。卖方出卖交由承运人运输的在途标的物，除当事人另有约定的以外，损毁、灭失风险自合同成立时起由买方承担。卖方按照约定未交付有关标的物的单证和资料的，不影响标的物损毁、灭失风险的转移。

5. 不当履行合同的处理

卖方多交标的物的，买方可以接收或者拒绝接收多交部分，买方接收多交部分的，按照合同的价格支付价款；买方拒绝接收多交部分的，应当及时通知出卖人。

标的物在交付之前产生的孳息（原物所产生的额外收益），归卖方所有，交付之后产生的孳息，归买方所有。

因标的物的主物不符合约定而解除合同的，解除合同的效力及于从物，因标的物的从物不符合约定被解除的，解除的效力不及于主物。

6. 监理工程师对材料采购合同的管理

监理工程师对材料采购合同的管理见表3-8。

监理工程师对材料采购合同的管理　　　　表3-8

序号	管理内容	说　　明
1	对材料采购合同及时进行统一编号管理	工程师虽然不参加材料采购合同的订立工作，但应监督材料采购合同符合项目施工合同中的描述，指令合同中标的质量等级及技术要求，并对采购合同的履行期限进行控制

3 材料采购与验收管理

续表

序号	管理内容	说 明
2	监督材料采购合同的订立	工程师应对进场材料作全面检查和检验，对检查或检验的材料认为有缺陷或不符合同要求，工程师可拒收这些材料，并指示在规定的时间内将材料运出现场；工程师也可指示用合格适用的材料取代原来的材料
3	检查材料采购合同的履行	—
4	分析合同的执行	对材料采购合同执行情况的分析，应从投资控制、进度控制或质量控制的角度对执行中可能出现的问题和风险进行全面分析，防止由于材料采购合同的执行原因造成施工合同不能全面履行

7. 材料采购合同的管理

(1) 材料采购合同管理的原则

材料采购合同管理的原则见表 3-9。

材料采购合同管理的原则　　　　　　　　　　表 3-9

序号	原　则
1	合同当事人的法律地位平等，一方不得将自己的意志强加给另一方
2	当事人依法享有自愿订立合同的权利，任何单位和个人不得非法干预
3	当事人确定各方的权利与义务应当遵守公平原则
4	当事人行使权利、履行义务应当遵循诚实信用原则
5	当事人应当遵守法律、行政法规和社会公德，不得扰乱社会经济秩序，不得损害社会公共利益

(2) 材料采购合同履行的原则

材料采购合同履行的原则见表 3-10。

材料采购合同履行的原则　　　　　　　　　　表 3-10

序号	原则	说　明
1	全面履行的原则	(1) 实际履行：按标的履行合同。 (2) 适当履行：按照合同约定的品种、数量、质量、价款或报酬等履行
2	诚实信用原则	当事人要讲诚实，守信用，要善意，不提供虚假信息等
3	协作履行原则	根据合同的性质、目的和交易习惯善意地履行通知、协助和保密等随附义务，促进合同的履行
4	遵守法律法规，不损害社会公共利益	—

(3) 材料采购同履行的规则

材料采购同履行的规则见表 3-11。

3.2 材料采购管理的内容

材料采购同履行的规则   表 3-11

序号	履行规则	内 容
1	对约定不明条款的履行规则	约定不明条款是指合同生效后发现的当事人订立合同时,对某些合同条款的约定有缺陷,为了便于合同的履行,应当按照对约定不明条款的履行规则,妥善处理。 (1) 补充协议。合同当事人对订立合同时没能约定或者约定不明确的合同内容,通过协商,订立补充协议。 (2) 按照合同有关条款或者交易习惯履行。当事人不能就约定不明条款达成或补充协议时,可以依据合同的其他方面的内容确定,或者按照人们在同样的合同交易中通常采用的合同内容(即交易习惯),予以补充或加以确定后履行。 (3) 执行《合同法》的规定。合同内容不明确,既不能达成补充协议,又不能按交易习惯履行的,可适用《合同法》第61条的规定。 1) 质量要求不明确的,按照国家标准、行业标准履行;没有国家标准、行业标准的,按照通常标准或者符合合同目的的特定标准履行。 2) 价款或者报酬不明确的,按照订立合同时的市场价格履行;依法应当执行政府定价或者政府指导价的,按照规定执行。 3) 履行地点不明确的:给付货币,在接受货币一方所在地履行;交付不动产的,在不动产所在地履行;其他标的,在履行义务一方所在地履行。 4) 履行期限不明确的:债务人可以随时履行;债权人可以随时要求履行,但应当给对方必要的准备时间。 5) 履行方式不明确的,按照有利于实现合同目的的方式履行。 6) 履行费用的负担不明确的,由履行义务一方负担
2	价格发生变化的履行规则	(1) 执行政府定价或者政府指导价的,在合同约定的履行期限内政府价格调整时,按照交付时的价格计价。 (2) 逾期交付标的物的,遇价格上涨时,按照原价格执行,价格下降时,按照新价格执行。 (3) 逾期提取标的物或者逾期付款的,遇价格上涨时按照新价格执行,价格下降时按照原价格执行

3.2.4 材料采购资金管理

材料采购过程也是材料占用的企业流动资金的运动过程。材料占用的流动资金运用情况决定着企业经济效益的优劣。材料采购资金管理是充分发挥现有资金的作用,挖掘资金的最大潜力,获得较好的经济效益的重要途径。编制材料采购计划的同时,必须编制相应的资金计划,以确保材料采购任务的完成。

材料采购资金管理方法,按企业采购分工不同,资金管理手段不同而有以下几种方法:

1. 采购金额管理法

采购金额管理法即确定一定时期内采购总金额与各阶段采购所需资金,采购部门按照资金情况来安排采购项目及采购量。对于资金紧张的项目(或部门)可以合理安排采购任务,按照企业资金总体计划进行分期采购。综合性采购部门可以采取此方法。

2. 品种采购量管理法

品种采购量管理法,适用于分工明确、采购任务量确定的企业(或部门),按每个采购员的业务分工,分别确定一个时期内其采购材料实物数量指标与相应的资金指标,用于考核其完成情况。对于实行项目自行采购资金的管理与专业材料采购资金的管理,使用这种方法可有效地控制项目采购的支出,管好、用好专业用材料。

3. 费用指标管理法

费用指标管理法是确定一定时期内材料采购资金中成本费用指标。如采购成本降低额(或降低率)用于考核和控制采购资金使用。鼓励采购人员负责完成采购业务的同时,要注意采购资金使用,降低采购成本,提高经济效益。

费用指标管理法适用于分工明确、采购任务量确定的材料采购。

3.2.5 材料采购批量的管理

材料采购批量是指一次采购材料的数量。其数量的确定要以施工生产需用为前提,按计划分批采购。采购批量直接影响着采购次数、采购费用、保管费用和资金占用及仓库占用。所以在某种材料总需用量中每次采购的数量要选择各项费用综合成本最低的批量,即经济批量或最优批量。

1. 材料采购批量管理的方法

经济批量的确定由多方因素影响,按照所考虑主要因素的不同有以下几种方法:

(1)按照商品流通环节最少选择最优批量

向生产厂直接采购,所经过的流通环节最少,价格最也低。但有些生产厂的销售常有最低销售量限制,所以采购批量通常要符合生产厂的最低销售批量。这样减少了中间流通环节费用,也降低了采购价格,且还能得到适用的材料,降低了采购成本。

(2)按照运输方式选择经济批量

在材料运输中有公路运输、铁路运输、水路运输等不同的运输方式。每种运输中又分整车(批)运输与零散(担)运输。在中、长途运输中,铁路运输和水路运输较公路运输价格低且运量大。而在铁路运输与水路运输中,又以整车运输费用较零散运输费用低。所以一般采购应尽可能就近采购或达到整车托运的最低限额以降低采购费用。

(3)按照采购费用和保管费用支出最低选择经济批量

材料采购批量越小,材料保管费用支出也就越低,但采购次数越多,采购费用也越高。反之,采购批量越大,保管费用就越高,但采购次数越少,采购费用就越低。所以采购批量与保管费用成正比例关系,与采购费用成反比例关系。其采购批量与费用关系如图3-1所示。

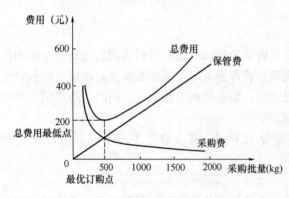

图 3-1 采购批量与费用关系图

某种材料的总需用量中每次采购数量,使其保管费与采购费之和最低,则该批量即为经济批量。在企业某种材料全年耗用量确定时,其采购批量与保管费用及采购费用之间的关系是:

$$年保管费 = \frac{1}{2} \times 采购批量 \times 单位材料年保管费 \tag{3-1}$$

$$年采购费 = 采购次数 \times 每次采购费用 \tag{3-2}$$

$$年总费用 = 年保管费 + 年采购费$$

2. 材料采购批量管理实例

【例 3-1】已知某企业全年耗用某种材料总量为 180t,每次采购费用是 80 元,年保管费用为材料平均储备价值的 15%,材料单价为 50 元/t,求总费用最低的经济采购批量。

【解】

(1) 设全年采购 1 次,则每次采购 180t,由公式(3-1)、公式(3-2)计算可得:

年保管费 $= \frac{1}{2} \times 180 \times 50 \times 15\% = 675$ 元

年采购费 $= 1 \times 80 = 80$ 元

年总费用 $= 675 + 80 = 755$ 元

(2) 设全年采购 3 次,则每次采购:$\frac{180}{3} = 60$t

年保管费 $= \frac{1}{2} \times 60 \times 50 \times 15\% = 225$ 元

年采购费 $= 3 \times 80 = 240$ 元

年总费用 $= 225 + 240 = 465$ 元

(3) 设全年采购 4 次,则每次采购:$\frac{180}{4} = 45$t

年保管费 $= \frac{1}{2} \times 45 \times 50 \times 15\% = 168.75$ 元

年采购费 $= 4 \times 80 = 320$ 元

年总费用 $= 168.75 + 320 = 488.75$ 元

(4) 设全年采购 5 次,则每次采购:$\frac{180}{5} = 36$t

年保管费 $= \frac{1}{2} \times 36 \times 50 \times 15\% = 135$ 元

年采购费:$5 \times 80 = 400$ 元

年总费用 $= 135 + 400 = 535$ 元

上述计算过程可列表,见表 3-12。

材料采购数量及费用表   表 3-12

总需用量(t)	采购次数(次)	采购量(t/次)	平均库存(t)	保管费用(元)	采购费用(元)	总费用(元)
180	1	180	180/2	675	80	755
180	3	60	60/2	225	240	465
180	4	45	45/2	168.75	320	488.5
180	5	36	36/2	135	400	535

由表 3-12 可见,采购 3 次,每次采购 60t,采购费与保管费之和为 465 元(年保管费

用支出为225元，采购费用支出为240元）最低。因此得出60t为该材料的经济采购批量。

另外可知：

平均供应间隔期＝360÷每年订购次数＝360÷3＝120天

以上过程也可通过式（3-3）计算（直接计算法）：

$$C_j=\sqrt{\frac{2QC}{PA}} \quad (3-3)$$

式中 C_j——一次采购量，即经济批量；

Q——总采购量；

C——每次采购费用；

P——材料单价；

A——年保管费率（%）。

将各种数值直接代入公式（3-3）得：

$$C_j=\sqrt{\frac{2\times180\times80}{50\times15\%}}=60t$$

即最优经济批量为60t，全年宜分 $N=\frac{180}{60}=3$ 次采购，其保管费用和采购费用支出为：

年保管费＝$\frac{1}{2}$×60×50×15%＝225元

年采购费＝3×80＝240元

年总费用＝225+240＝465元

T_g＝360/N＝360/3＝120天

3.2.6 材料采购质量的管理

材料采购质量的管理应符合表3-13的规定。

材料采购质量管理　　表3-13

符号	管理规定	内容
1	经审查认可方可进行采购	凡由承包单位负责采购的原材料、半成品或构配件、设备等，在采购订货前应向工程项目业主、监理工程师申报；对于重要的材料，还应提交样品，供试验或鉴定，有些材料则要求供货单位提交理化试验单（如预应力钢筋的含硫、磷量等），经审查认可发出书面认可证明后，方可进行订货采购
2	满足有关标准和设计的要求	对于永久设备、构配件，应按经过审批认可的设计文件和图纸组织采购订货，即设备、构配件等的质量应满足有关标准和设计的要求，交货期应满足施工及安装进度安排的需要
3	选择优良厂家订货	对于供货厂家的制造材料、半成品、构配件以及永久设备的质量应严格控制。为此对于大型的或重要的设备，以及大宗材料的采购应当实行招投标采购的方式
4	制定质量保证计划	对于设备、构配件和材料的采购、订货，需方可以通过制定质量保证计划，详细提出要达到的质量保证要求

续表

符号	管理规定	内容
5	装饰材料一次订齐	某些材料，诸如地面、墙面等装饰材料，订货时最好一次订齐和备足资源，以免由于分批而出现花色差异、质量不一等情况
6	供货方应提供质量保证文件	供货方应向需方（订货方）提供质量保证文件，用以表明其提供的货物能够完全达到需方在质量保证计划中提出的要求

3.3 材料采购方式

材料采购方式是采购主体获取资源或物品、工程、服务的途径、形式与方法。采购方式的选择主要取决于企业制度、资源状况、环境优劣、专业水准、资金情况以及储运水平等。采购方式不仅仅是单一的、绝对的、静止的概念，它在实施过程中相交融，实现一个完整的采购活动。采购方式很多，划分方法也不尽相同。

3.3.1 建设工程材料基本采购方式

1. 集中采购与分散采购

集中采购与分散采购的含义、特点及适用范围见表3-14。

集中采购与分散采购的含义、特点及适用范围 表3-14

序号	项目	含义	特点	优点	适用范围
1	集中采购	企业在核心管理层建立专门的采购机构，统一组织企业所需物品的采购进货业务	量大，过程长，手续多；集中度高，决策层次高；支付条件宽松，优惠条件增多；专业性强，责任加大	（1）有利于获得采购规模效益，降低进货成本和物流成本，争取经营主动权；（2）有利于发挥业务职能特长，提高采购工作效率和采购主动权；（3）易于稳定本企业与供应商之间的关系，得到供应商在技术开发、货款结算、售后服务等诸多方面的支持与合作	集中采购适用于大宗或批量物品，价值高或总价多的物品，关键零部件、原材料或其他战略资源，保密程度高，产权约束多的物品
2	分散采购	分散采购与集中采购相对应，分散采购是由企业下属各单位，如子公司、分厂、车间或分店实施的满足自身生产经营需要的采购。这是集团将权力下放的采购活动	批量小或单件，且价值低、开支小；过程短、手续简、决策层次少；问题反馈快、针对性强、方便灵活；占用资金小、库存空间小、保管简单方便	分散采购是集中采购的完善和补充：（1）有利于采购环节与存货、供料等环节的协调配合；（2）有利于增强基层工作责任心，使基层工作富有弹性和成效	分散采购适用于采购小批量、单件、价值低，分散采购优于集中采购的物品，市场资源有保证，易于送达，物流费用较少的物品

2. 直接采购与间接采购

从采购主体完成采购任务的途径来区分，采购方式可分为直接采购和间接采购，这种划分便于企业深入了解与把握采购行为，为企业提供最有利、最便捷的采购方式，使企业始终掌握竞争的主动权。

直接采购与间接采购的含义、特点及适用范围见表3-15。

直接采购与间接采购的含义、特点及适用范围　　　　　表3-15

序号	项目	含义	特点	适用范围
1	直接采购	直接采购是指采购主体自己直接向物品制造厂采购的方式。一般指企业从物品源头实施采购，满足生产所需	环节少，时间短，手续简便，意图表达准确，信息反馈快，易于供需双方交流、支持、合作及售后服务与改进	生产性原材料、元器件等主要物品及其他辅料、低值易耗品的采购
2	间接采购	间接采购是指通过中间商实施采购行为的方式，也称为委托采购或中介采购，主要包括委托流通企业采购和调拨采购。调拨采购是计划经济时代常用的间接采购方式，是由上级机关组织完成的采购活动。目前除非物质紧急调拨或执行救灾任务、军事任务，否则一般均不采用	充分发挥工商企业各自的核心能力；减少流动资金占用，增加资金周转率；分散采购风险，减少物品非正常损失；减少交易费用和时间，从而降低采购成本	间接采购适合于业务规模大、盈利水平高的企业；需方规模过小，缺乏能力、资格和渠道进行直接采购；没有适合采购需要的机构、人员、仓储设施的企业

3. 现货采购与远期采购

现货采购与远期采购的含义、特点及适用范围见表3-16。

现货采购与远期采购的含义、特点及适用范围　　　　　表3-16

序号	项目	含义	特点	适用范围
1	现货采购	现货采购是指经济组织与物品或资源持有者协商后，即时交割的采购方式。这是最为传统的采购方式。现货采购方式是银货两清，当时或近期成交，方便、灵活、易于组织管理，能较好地适应需要的变化和物品资源市场行情的变动	即时交割；责任明确；灵活、方便、手续简单，易于组织管理；无信誉风险；对市场的依赖性大	企业新产品开发或研制需要；企业生产和经营临时需要；设备更新改造需要；设备维护、保养或修理需要；企业生产用辅料、工具、卡具、低值易耗品；通用件、标准件、易损件、普通原材料及其他常备资源
2	远期采购	远期合同采购供需双方为稳定供需关系，实现物品均衡供应，而签订远期合同的采购方式	时效长；价格稳定；交易成本及物流成本相对较低；交易过程透明有序，易于把握，便于民主科学决策和管理；可采取现代采购方法和其他采购方式来支持	国家战略收购、大宗农副产品收购、国防需要等及其储备；企业生产和经营长期的需要，以主料和关键件为主；科研开发与产品开发进入稳定成长期以后

3.3.2 建设工程材料主要采购方式

为工程项目采购材料、设备而选择供货商并与其签订物资购销合同或加工订购合同，多采用如下三种方式之一。

1. 招标方式

这种方式适用于采购大宗的材料和较重要的或较昂贵的大型机具设备，或工程项目中的生产设备和辅助设备。承包商或业主根据项目的要求，详细列出采购物资的品名、规格、数量、技术性能要求；承包商或业主自己选定的交货方式、交货时间、支付货币和条件，以及品质保证、检验、罚则、索赔和争议解决等合同条件和条款作为招标文件，邀请有资格的制造厂家或供应商参加投标（也可采用公开招标方式），通过竞争择优签订购货合同，这种方式实际上是将询价和商签合同连在一起进行，在招标程序上与施工招标基本相同。

2. 询价方式

这种方式是采用询价－报价－签订合同程序，即采购方对3家以上供货商就采购的标的物进行询价，对其报价经过比较后选择其中一家与其签订供货合同。这种方式实际上是一种议标的方式，无须采用复杂的招标程序，又可以保证价格有一定的竞争性，一般适用于采购建筑材料或价值较小的标准规格产品。

（1）材料采购的询价步骤

在国内外工程承包中，对材料的价格要进行多次调查和询价。

1）为投标报价计算而进行的询价活动。这一阶段的询价并不是为了立即达成材料的购销交易，作为承包商，只是为了使自己的投标报价计算比较符合实际，作为业主，是为了对材料市场有更深入的了解。因此，这一阶段的询价属于市场价格的调查性质。

2）实际采购中的询价程序见表3-17。

实际采购中的询价程序 表3-17

序号	询价程序	内　　容
1	根据"竞争择优"的原则，选择可能成交的供应商	由于这是选定最后可能成交的供货对象，不一定找过多的厂商询价，以免造成混乱。通常对于同类材料，找一两家最多三家有实际供货能力的厂商询价即可
2	向供应厂商询盘	这是对供货厂商销售材料的交易条件的询问，为使供货厂商了解所需材料的情况，至少应告知所需的品名、规格、数量和技术性能要求等，这种询盘可以要求对方作一般报价，还可以要求作正式的发盘
3	卖方的发盘	通常是应买方（承包商或业主）的要求而做出的销售材料的交易条件 通常的发盘是指发出"实盘"，这种发盘应当是内容完整、语言明确，发盘人明示或默示承受约束的。一项完整的发盘通常包括货物的品质、数量、包装、价格、交货和支付等主要交易条件
4	还盘、拒绝和接受	买方（承包商或业主）对于发盘条件不完全同意而提出变更的表示，即是还盘，也可称之为还价。如果供应商对还盘的某些更改不同意，可以再还盘。有时可能经过多次还盘和再还盘进行讨价还价，才能达成一致，而形成合同

(2) 材料采购的询价方法和技巧

1) 充分做好询价准备工作。

从上述程序可以看出，在材料采购实施阶段的询价，已经不是普通意义的市场商情价格的调查，而是签订采购合同的一项具体步骤。因此，事前必须做好准备工作，见表3-18。

材料采购的询价准备工作　　　　表3-18

序号	询价程序	内容
1	询价项目的准备	首先要根据材料使用计划列出拟询价的物资的范围及其数量和时间要求。特别重要的是，要整理出这些拟询价材料的技术规格要求，并向专家请教，搞清楚其技术规格要求的重要性和确切含义
2	对供应商进行必要和适当的调查	在国内外找到各类材料的供应商的名单及其通信地址和电传、电话号码等并非难事，在国内外大量的宣传材料、广告、商家目录，或者电话号码簿中都可以获得一定的资料，甚至会收到许多供应商寄送的样品、样本和愿意提供服务的意向信等自我推荐的函电。应当对这些潜在的供应商进行筛选，那些较大的和本身拥有生产制造能力的厂商或其当地代表机构可列为首选目标；而对于一些并无直接授权代理的一般性进口商和中间商则必须进行调查和慎重考核
3	拟定自己的成交条件预案	事先对拟采购的材料采取何种交货方式和支付办法要有自己的设想，这种设想主要是从自身的最大利益（风险最小和价格在投标报价的控制范围内）出发的。有了这样成交条件预案，就可以对供应商的发盘进行比较，迅速做出还盘反应

2) 选择最恰当的询价方法。

前面介绍了由承包商或业主发出询盘函电邀请供应商发盘的方法，这是常用的一种方法，适用于各种材料的采购。但还可以采用其他方法，比如招标办法、直接访问或约见供应商询价和讨论交货条件等方法，可以根据市场情况、项目的实际要求、材料的特点等因素灵活选用。

3) 应注意的询价技巧见表3-19。

材料采购应注意的询价技巧　　　　表3-19

序号	询价技巧
1	为避免物价上涨，对于同类大宗物资最好一次将全工程的需用量汇总提出，作为询价中的拟购数量。这样，由于订货数量大而可能获得优惠的报价，待供应商提出附有交货条件的发盘之后，再在还盘或协商中提出分批交货和分批支付货款或采用"循环信用证"的办法结算货款，以避免由于一次交货即支付全部货款而占用巨额资金
2	在向多家供应商询价时，应当相互保密，避免供应商相互串通，一起提高报价；但也可适当分别暗示各供应商，他可能会面临其他供应商的竞争，应当以其优质、低价和良好的售后服务为原则做出发盘
3	多采用卖方的"销售发盘"方式询价，这样可使自己处于还盘的主动地位。但也要注意反复地讨价还价可能使采购过程拖延过长而影响工程进度，在适当的时机采用"递盘"，或者对不同的供应商分别采取"销售发盘"和"购买发盘"（即"递盘"），也是货物购销市场上常见的方式
4	对于有实力的材料制造厂商，如果他们在当地有办事机构或者独家代理人，不妨采用"目的港码头交货（关税已付）"的方式，甚至采用"完税后交货（指定目的地）"的方式
5	承包商应当根据其对项目的管理职责的分工，由总部、地区办事处和项目管理组分别对其物资管理范围内材料进行询价活动。例如，属于现场采购的当地材料（砖瓦、砂石等）由项目管理组询价和采购；属于重要的材料则因总部的国际贸易关系网络较多，可由总部统一询价采购

3. 直接订购

直接订购方式一般不进行产品的质量和价格比较,是一种非竞争性采购方式。一般适用于以下几种情况:

(1) 为了使设备或零配件标准化,向原经过招标或询价选择的供货商增加购货,以便适应现有设备。

(2) 所需设备具有专卖性质,只能从一家制造商获得。

(3) 负责工艺设计的承包单位要求从指定供货商处采购关键性部件,并以此作为保证工程质量的条件。

(4) 尽管询价通常是获得最合理价格的较好方法,但在特殊情况下,由于需要某些特定机电设备早日交货,也可直接签订合同,以免由于时间延误而增加开支。

3.3.3 市场采购

市场采购即从材料经销部门、物资贸易中心及材料市场等地购买工程所需的各种材料。随着国家指令性计划分配材料范围的缩小,市场自由购销范围越来越大,市场采购这一组织资源的渠道在企业资源来源所占比重也迅速增加。保证供应、降低成本就一定要抓好市场采购的管理工作。

1. 市场采购的特点

市场采购主要具有如下特点:

材料品种、规格复杂,采购工作量大,配套供应难度大。

市场采购材料因生产分散,经营网点多,质量及价格不统一,采购成本不易控制和比较。

受社会经济状况影响,资源与价格波动较大。

因市场采购材料的上述特点使工程成本中材料部分的非确定因素增多,工程投标风险大。所以控制采购成本成为企业确保工程成本的重要环节之一。

2. 市场采购的程序

市场采购的程序见表 3-20。

市场采购的程序　　　　表 3-20

序号	询价程序	内容
1	根据材料供应计划中确定的供应措施,确定材料采购数量及品种规格	根据各施工项目提报的材料申请计划、期初库存量和期末库存量确定出材料供应量后,应将该量按供应措施予以分解,而其中分解出的材料采购量即成为确定材料采购数量和品种规模的基本依据。同时再参考资金情况、运输情况及市场情况确定实际采购数量及品种规格
2	确定材料采购批量	按照经济批量法,确定材料采购批量、采购次数及各项费用的预计支出
3	确定采购时间和进货时间	按照施工进度计划,考虑现场运输、储备能力和加工准备周期,确定进货时间
4	选择和比较可供材料的企业或经营部门,确定采购对象	当同一种材料可供货源较多且价格、质量、服务差异较大时,要进行比较判断: (1) 选择供货单位标准: 1) 质量适当。供货单位供应的材料必须符合设计要求,还需供货单位有完整的质量保证体系,保证材质稳定。应注意不能仅依靠样品判定材质,还应从库房、所供货物中随机抽查。

序号	询价程序	内　　容
4	选择和比较可供材料的企业或经营部门，确定采购对象	2) 成本低。在质量符合要求的前提下，应选择成本低的供货单位。即在买价、包装、运输、保管等费用综合分析后选择供货单位。 3) 服务质量好。除了质量、价格，供应单位的服务质量也是一条重要的选择标准。服务质量包括信誉程度、交货情况、售后服务等。 4) 其他。如企业的资金能力、供应单位要求的付款方式等。 (2) 经验判断和采购成本比较及采购招标等方法确定采购对象： 1) 经验判断法是根据专业采购人员的经验和以前掌握的情况进行分析、比较、综合判断，择优选定采购单位。 2) 采购成本比较法是当几个采购对象均能满足材料的数量、质量、价格要求，只在个别因素上有差异时，可分别考核采购成本，选择低成本的采购对象。 3) 采购招标法是材料采购管理部门提出材料需用的数量和基本性能指标等招标条件，各供应商根据招标条件进行投标，材料采购部门进行综合比较后进行评标和决标，与最终供货单位签订购销合同
5	签订合同	按照协商的各项内容，明确供需双方的权利义务，签订材料采购合同

3. 市场采购实例

【**例 3-2**】 已知采购某种材料 200t，A、B、C、D 四个供应部门在数量、质量和供应时间上都能满足要求，但费用情况存在差异，见表 3-21。

采购成本比较表　　　　　　　　　　　表 3-21

供应单位	单价(元/t)	运费(元/t)	每次订购费(元)
A	330	10	210
B	330	10	220
C	300	20	200
D	290	30	240

【**解**】

对其采购成本分别计算如下：

A：$(330+10)\times 200+210=68210$ 元

B：$(330+10)\times 200+220=68220$ 元

C：$(300+20)\times 200+200=64200$ 元

D：$(290+30)\times 200+240=64240$ 元

由以上采购成本计算结果比较而知，C 部门为最宜采购对象。

【**例 3-3**】 已知某采购单位对 A、B、C、D 四个供货单位进行评价。设产品质量 40 分，价格 35 分，合同完成率 25 分。其中价格的评分，以价格最低的得满分。用此最低价与其他单位的价格作比较，价越高得分越低。各供应单位的相关资料见表 3-22。

各供应单位相关资料表　　　　　　　　　　　表 3-22

供应单位	质量		单价（元）	合同完成率（%）
	收到材料数量（件）	检验合格材料数量（件）		
A	2000	1950	0.98	98
B	2400	2200	0.86	92
C	600	500	0.93	95
D	1000	900	0.90	100

3.3 材料采购方式

【解】

对各供应单位的评价结果如下：

A 供货单位：

$(1950 \div 2000) \times 40 + (0.86 \div 0.89) \times 35 + 0.98 \times 25 = 97.3$

B 供货单位：

$(2200 \div 2400) \times 40 + (0.86 \div 0.86) \times 35 + 0.92 \times 25 = 94.7$

C 供货单位：

$(500 \div 600) \times 40 + (0.86 \div 0.93) \times 35 + 0.95 \times 25 = 89.5$

D 供货单位：

$(900 \div 1000) \times 40 + (0.86 \div 0.90) \times 35 + 1.00 \times 25 = 94.4$

比较结果是 A 供应单位得分最高，选定为下期合适的供应单位。

3.3.4 加工订货

材料加工订货是按施工图纸要求将工程所需的制品、零件与配件委托加工制作，满足施工生产需求。进行加工订货的材料与制品，通常按照其组成材料的品种不同分为木制品、金属制品与混凝土制品。

1. 金属制品的加工订货

金属制品包括成型钢筋和铁件制品两大类。钢筋的加工应按翻样提供的图纸与资料进行加工成型。材料部门要及时提供所需钢筋，并加强钢筋的加工管理。从目前的管理水平与技术水平看，钢筋适宜集中加工。集中加工有利于材料的套裁、配料及综合利用，材料的利用率较高；同时通过集中加工可提高加工工艺与加工质量。铁件制品包括预埋铁件、垃圾斗、楼梯栏杆、落水管等。其品种规格多，易丢失或漏项。加工成型的制品零散多样，不易保管。所以金属制品的加工一定要按施工部位进度安排加工，制定详细的加工计划，逐项与施工图纸进行核对。

2. 木制品（门窗）的加工订货

木制品中门窗占有一定的比例，门窗有钢质、塑料质、铝质和木质等多种。任何门窗都要先按图纸详细计算各种规格型号门窗数量，确定准确详细的加工订货数量，并按施工进度安排进场时间。对改形及异形门窗要附加工图，甚至可要求加工样品，在认为完全符合加工意图后再进行批量加工。

3. 混凝土制品的加工订货

根据施工图纸核实确定混凝土制品的品种数量后，按施工进度分批加工，以避免混凝土制品到场后的码放、运输与使用困难。所以要求加工计划准确，加工时间确定及加工质量优良。

3.3.5 组织材料的其他方式

1. 与建设单位协作采购

建设项目的开发者或建设项目的业主参与采购活动的状况，目前仍占有一定比例。与建设单位协作进行采购必须明确分工，划分采购范围及结算方式，并按照施工图预算由施工部门提出其负责采购部分材料的具体品种、规格以及进场的时间，以免造成停工待料。

对于建设单位对工程所提出的特殊材料和设备,应由建设单位与设计部门、施工部门共同协商确定采购、验收、使用及结算事宜,并做好各业务环节的衔接工作。

2. 补偿贸易

补偿贸易是建筑企业与建材生产企业建立的补偿贸易关系。通常由施工企业提供部分或全部资金,用于补偿建材生产企业进行的新建、扩建、改建项目或购置机械设备。提供的资金分主要有偿投资和无偿投资两种。有偿投资分期归还,利息负担通过协商确定。补偿贸易企业生产的建筑材料,可以全部或部分作为补偿产品供应给建筑企业。

补偿贸易方式既可以建立长期稳定可靠的采购协作基地,又有利于开发新材料、新品种,促进建材生产企业提高产品质量和工艺水平,从而缓解社会供需矛盾。然而,实行补偿贸易应做好可行性调查,落实资金,签订补偿贸易合同,以确保经济关系的合法和稳定。

3. 联合开发

建筑企业与材料生产企业可以按照不同材料的生产特点和产品特点进行合资经营、联合生产、产销联合以及技术协作,从而开发更宽的货源渠道,获得较优的材料资源,见表3-23。

联合开发的方式 表3-23

序号	方式	内容
1	合资经营	合资经营是指建筑企业与材料生产企业共同投资、共同经营管理、共担风险,实行利润分成。这种方式对稳定货源、扩大施工企业经营范围十分有利
2	联合生产	联合生产是由建筑企业提供生产技术,将产品的生产过程分解到材料生产企业,所生产的产品由建筑企业负责全部或部分包销
3	产销联合	产销联合是指建筑企业与材料生产企业之间对生产和销售的协作联合,一般是由建筑企业实行有计划的包销,这样不仅可以保证材料生产企业专心生产,而且可使材料生产企业成为建筑企业长期稳定的供应基地
4	技术协作	技术协作是指企业间有偿转让科技成果、工艺技术、技术咨询、培训人员,以资金或建材产品偿付其劳动支出的合作形式

4. 调剂与协作组织货源

企业之间本着互惠互利的原则,对短缺材料的品种规格进行调剂和串换,以满足临时、急需和特殊用料。调剂与协作组织货源通常可通过表3-24中的几种形式进行。

调剂与协作组织货源的形式 表3-24

序号	内容
1	全国性的物资调剂会
2	地区性的物资调剂会
3	系统内的物资串换
4	各部门设立积压物资处理门市
5	委托商品部门代为处理和销售
6	企业间相互调剂、串换及支援

3.4 材料的验收管理

3.4.1 材料验收基础知识

1. 现场材料进场验收要求

现场材料进场的验收要求应符合表 3-25 中的规定。

现场材料进场验收要求 表 3-25

序号	内 容
1	根据现场平面布置图,认真做好材料的堆放和临时仓库的搭设,要求做到有利于材料的进出和存放,方便施工,避免和减少二次搬运
2	在材料进场时,根据进料计划、送料凭证、质量保证书或材质证明(包括厂名、品种、出厂日期、出厂编号、试验数据等)和产品合格证,进行数量验收和质量确认,做好验收记录,办理验收手续
3	材料的质量验收工作,要按质量验收规范和计量检测规定进行,严格执行验品种、验型号、验质量、验数量、验证件制度
4	要求复检的材料要有取样送检证明报告;新材料未经试验鉴定,不得用于工程中;现场配制的材料应经试配,使用前应签证和批准
5	材料的计量设备必须经具有资格的机构定期检验,确保计量所需的精确度,不合格的检验设备不允许使用
6	对不符合计划要求或质量不合格的材料,应更换、退货或降级使用,严禁使用不合格的材料

2. 材料验收的步骤及内容

现场材料验收是材料进入施工现场的重要关口,应把好验收关。现场材料验收工作应发生在整个施工全过程。材料验收的步骤及内容见表 3-26。

材料验收的步骤及内容 表 3-26

序号	验收步骤		验 收 内 容
1	验收准备	场地和设施的准备	料具进场前,根据用料计划、施工平面图、《物资保管规程》及现场场容管理要求,进行存料场地及设施准备。场地应平整、夯实,并按需要建棚、建库
		苫垫物品的准备	对进场露天存放、需要苫垫的材料,在进场前要按照《物资保管规程》的要求,准备好充足适用的苫垫物品,确保验收后的料具做到妥善保管,避免损坏变质
		计量器具的准备	根据不同材料计量特点,在材料进场前配齐所需的计量器具,确保验收顺利进行
		有关资料的准备	包括用料计划、加工合同、翻样、配套表及有关材料的质量标准;砂石沉陷率、运输途耗规定等
2	核对凭证		确认应收材料,凡无进料凭证和经确认不属于应收的材料不办理验收,并及时通知有关部门处理。进料凭证一般包括运输单、出库单、调拨单或发票

3 材料采购与验收管理

续表

序号	验收步骤	验 收 内 容
3	质量验收	现场材料的质量验收,由于受客观条件所限,主要通过目测对料具外观的检查和材质性能证件的检验。材料外观检验,应检验材料的规格、型号、尺寸、颜色、方正及完整,做好检验记录。凡专用、特殊及加工制品的外观检验,应根据加工合同、图纸及翻样资料,会同有关部门进行质量验收并做好记录
4	数量验收	现场材料数量验收一般采取点数、称重、检尺的方法,对分批进场的材料要做好分次验收记录,对超过磅差的应通知有关部门处理。 材料验收记录单见表3-27
5	验收手续	经核对质量、数量无误后,可以办理验收手续。验收手续根据不同情况采取不同形式。一般由收料人依据来料凭证和实收数量填写收料单;有些材料由收料人依据供方提供的调拨单直接填写实际验收数量并签字;属于多次进料最后结算办理验收手续的,如大堆材料,则由收料人依据分次进料凭证、验收记录核对结算凭证或填写验收单或在供方提供的调拨单上签认。 由于结算期延长或部分结算凭证不全不能及时办理验收,影响使用时,可办理暂估验收,依据实际验收数量填写暂估验收单,待正式办理验收后冲回暂估数量。 验收入库凭证见表3-28
6	验收问题的处理	进场材料若发生品种、规格、质量不符时应及时通知有关部门及时退料,若发生数量不符时应与有关部门协商办理索赔和退料

材料验收记录单　　　　　　　　　　　　　　　　表 3-27

项目：　　　　　　　　　　　　　　　编号：

顾客□/供应□名称			
工程名称			
货物名称			
收货单位		验收人	
规格		型号	
计量单位		数量	
等级		产地	
到货日期		验收日期	
经验收质量状态	出厂合格证（质保书）编号		
	报告数量		
	实际数量		
	变质数量		
	检验、实验报告结果		
	报告编号		

顾客□/供应□代表签字：	接收单位物资主管：
年　月　日	年　月　日

3.4 材料的验收管理

入 库 凭 证　　　　　　　　　　　　表 3-28

入库日期：　年　月　日　　　　　　　　　　　　　　　　　　　编号：

收料单位：　　　　　　　　　　　　　材料来源：

编号	品名	规格	单位	数量		价格	
				应收	实收	单价	总价

采购员：　　　　　　　　　　　保管员：　　　　　　　　　　材料主管：

3.4.2 材料的取样检测

1. 见证取样的概念、范围以及程序

（1）见证取样的概念

见证试验是指在监理单位或建设单位监督下，由施工单位有关人员现场取样，取样后，将试样送至具备相应资质的检测单位进行检测的活动。

（2）见证取样的范围

建筑工程见证取样和送检的项目主要有表 3-29 中的几个方面。

见证取样的范围　　　　　　　　　　　　　　表 3-29

序号	范　围
1	用于承重结构的混凝土
2	用于承重墙体的砌筑砂浆
3	用于结构工程中的主要受力钢筋原材料及钢筋连接
4	地下、屋面及厕浴间所使用的防水材料
5	混凝土外加剂中的早强剂和防冻剂

（3）见证取样的程序

见证取样的程序见表 3-30。

见证取样的程序　　　　　　　　　　　　　　表 3-30

序号	范　围
1	项目施工负责人和建设（监理）单位需共同制定有见证取样和送检计划，并确定承担有见证试验的试验室
2	建设（监理）单位需向承监工程的质量监督机构和承担有见证试验的试验室递交"有见证取样和送检见证人备案书"
3	施工企业现场试验人员按有关标准规定在现场进行原材料取样和试样制作时，见证人员必须在旁见证

77

续表

序号	范围
4	见证人需对试样进行监护,并和施工企业现场试验人员共同将试样送至试验室或采取有效的封志措施后送样
5	承担有见证试验的试验室,应先检查委托文件和试样上的见证标识、封志,确认无误后,方可进行试验,否则应拒绝试验
6	试验室应在有见证取样和送检项目的试验报告上加盖"有见证试验"专用章,并由施工单位会总后与其他施工资料一起归人工程施工技术资料档案
7	如有见证取样和送检的试验结果达不到规定标准的要求时,试验室应及时通知承监工程的质量监督机构和见证单位
8	有见证试验附件

2. 原材料、半成品、构配件、设备进场验收和记录工作

(1) 对涉及结构安全的试块、试件以及有关材料,应当在建设单位或者工程监督单位监督下现场取样,并送至具有相应资质等级的质量检测单位进行检测。

(2) 建设工程质量检测机构应经省人民政府建设行政主管部门审查合格,并按规定经技术监督行政主管部门计量认证合格,方可从事建设工程质量检测。未取得建设行政主管部门资质审查合格,对施工现场建筑材料进行检测和对工程质量的检测其结果不具公信力和法定效力。

(3) 依法设立的工程建设质量检测机构,负责进入施工现场的原材料、半成品以及构配件的检验,主要是对有安全性要求的建筑材料进行复检,通过对有关物理性能等参数指标的检测做出施工需要的符合性判定,切实把好施工材料的进场关。

(4) 原材料、成品以及半成品在进场前应具有合格证,并按规定取样检验,合格后方可使用,不合格产品及材料禁止进入现场。

(5) 对所有进场的原材料、半成品及成品进行严格的进货检验制,对按照规范要求需要进行复试的产品,严格按规范规定进行取样复试,确保工程所使用材料的质量。

(6) 材料供应,必须对采购的原材料、构(配)件、成品、半成品等材料,建立健全进场前检查验收和取样送验制度,杜绝不合格的材料运到现场,在材料供应和使用过程中,严格做到"五验"(验资料、验规格、验品种、验质量、验数量),"三把关"(材料供应人员把关,技术质量试验人员把关,施工操作者把关)制度。

3.4.3 建筑常用材料的验收方法

1. 水泥

(1) 水泥的主要性能指标检验

对水泥性能指标的检验包括密度和表观密度、标准稠度用水量、细度、安定性、凝结时间、强度等。

水泥的安定性对抹灰质量影响很大,若安定性不合格,就会使已经硬化的水泥石中继续进行熟化,由于体积膨胀使水泥产生裂缝、变形、酥松甚至破坏等体积变化不均匀的现象。使用前要做水泥安定性的复试,复试合格后才可使用。当使用的水泥出厂超过 3 个月，要经试验室对水泥的各项性能指标进行复试，复试合格后才可继续使用。

1) 硅酸盐水泥、普通水泥。取样判定与验收见表3-31。

硅酸盐水泥、普通水泥取样判定与验收 表3-31

序号	项目	说明
1	取样原则	当散装水泥运输工具的容量超过该厂规定出厂编号吨数时，允许该编号的数量超过取样规定吨数。取样应有代表性，可连续取，也可从20个以上不同部位取等量样品，总量至少12kg
2	合格判定	(1) 凡氧化镁、三氧化硫、初凝时间、安定性中任一项不符合标准规定时，均为废品。 (2) 凡细度、终凝时间、不溶物和烧失量中的任一项不符合标准规定或混合材料掺加量超过了最大限量和强度低于商品强度等级的指标时为不合格品。水泥包装标志中水泥品种、强度等级、生产者名称和出厂编号不全的也属于不合格品
3	验收	(1) 以抽取实物试样的检验结果为验收依据时，买卖双方应在发货前或交货地共同取样和签封。取样方法按《水泥取样方法》GB/T 12573—2008进行，取样数量为20kg，分为二等份，一份由卖方保存40d，一份由买方按标准规定的项目和方法进行检验。在40d以内，买方检验认为产品质量不符合标准要求，而卖方又有异议时，则双方将卖方保存的另一份试样送省级或省级以上国家认可的水泥质量监督检验机构进行仲裁检验。 (2) 以水泥厂同编号水泥的检验报告为验收依据时，在发货前或交货时买方在同编号水泥中抽取试样，双方共同签封后保存3个月；或委托卖方在同编号水泥中抽取试样，签封后保存3个月。在3个月内，买方对水泥质量有疑问时，则买卖双方应将签封的试样送省级以上国家认可的水泥质量监督检验机构进行仲裁检验

2) 矿渣水泥、火山灰水泥、粉煤灰水泥。取样判定与验收见表3-32。

矿渣水泥、火山灰水泥、粉煤灰水泥取样判定与验收 表3-32

项目	说明
取样原则	当散装水泥运输工具的容量超过该厂规定出厂编号吨数时，允许该编号的数量超过取样规定吨数。取样应有代表性，可连续取，也可从20个以上不同部位取等量样品，总量至少12kg
合格判定	(1) 凡氧化镁、三氧化硫、初凝时间、安定性中任一项不符合标准规定时，均为废品。 (2) 凡细度、终凝时间中的任一项不符合标准规定或混合材料掺加量超过了最大限量和强度，强度低于商品强度等级的指标时为不合格品。水泥包装标志中水泥品种、强度等级、生产者名称和出厂编号不全的也属于不合格品
验收	验收同硅酸盐水泥

(2) 水泥的外观检验

水泥进场时必须检查验收才能使用。水泥进场时，必须有出厂合格证或进场试验报告，并应对品种、强度等级、包装（或散装仓号）、出厂日期等进行检查验收。验收要求：

1) 水泥袋上应清楚标明：执行标准、水泥品种、代号、净含量、强度等级、生产者名称、生产许可证标志及编号、出厂编号、包装日期。包装袋两侧应根据水泥品种采用不同颜色印刷水泥名称和强度等级，硅酸盐水泥和普通硅酸盐水泥采用红色；矿渣硅酸盐水泥采用绿色；火山灰质硅酸盐水泥、粉煤灰硅酸盐水泥和复合硅酸盐水泥采用黑色或蓝色。

2) 掺火山灰质混合材料的普通水泥还应标上"掺火山灰"字样，散装水泥应提交与袋标志相同内容的卡片与散装仓号，设计有特殊要求时，应检查是否与设计要求相符。

3）水泥试验应以同一水泥厂、同品种、同强度等级、同一生产时间、同一进场日期的水泥，200t 为一验收批。当不足 200t 时，按一验收批计算。

4）每一验收批取样一组，数量为 12kg。

抽查水泥的重量是否符合规定。绝大部分水泥每袋净重为（50±1）kg，但以下品种的水泥每袋净重稍有不同。

① 砌筑水泥每袋净重为（40±1）kg。

② 快凝快硬硅酸盐水泥每袋净重为（45±1）kg。

③ 硫铝酸盐早强水泥每袋净重为（46±1）kg。

注：袋装水泥的净重，以保证水泥的合理运输和掺量。

产品合格证检查：检查产品合格证的品种及强度等级等指标是否符合要求，进货品种同合格证是否相符。

(3) 水泥的质量检验

水泥进场时应对其品种、强度等级、包装或散装仓号、出厂日期进行检查，并对其强度、安定性、标准稠度用水量、凝结时间及其他必要的性能指标进行复验，其质量指标必须符合现行国家标准《通用硅酸盐水泥》（GB 175—2007/XG1—2009）等的规定。

当在使用中对水泥质量有怀疑或水泥出厂超过 3 个月（快硬硅酸盐水泥超过 1 个月）时，应重新采集试样进行复验，并按复验结果使用。

钢筋混凝土结构、预应力混凝土结构中，严禁使用含氯化物的水泥。

1）检验内容和检验批确定。水泥应按批进行质量检验。检验批可按如下规定确定：

① 同一水泥厂生产的同品种、同强度等级、同一出厂编号的水泥为一批。但散装水泥一批的总量不得超过 500t，袋装水泥一批的总量不得超过 200t。

② 当采用同一旋窑厂生产的质量长期稳定的、生产间隔时间不超过 10d 的散装水泥，可以 500t 作为一检验批。

③ 取样时应随机从不少于 3 个车罐中各采取等量水泥，经混拌均匀后，再从中称取不少于 12kg 水泥作为检验样。

2）检验项目。水泥的复验项目主要有：细度或比表面积、凝结时间、安定性、标准稠度用水量、抗折强度、抗压强度。

3）检验方法。检查产品合格证、出厂检验报告及进场复验报告。为能及时得知水泥强度，可按《水泥强度快速检验方法》（JC/T 738—2004）预测水泥 28d 强度。

4）质量等级。通用水泥按《通用水泥质量等级》（JC/T 452—2009）的规定划分为优等品、一等品和合格品。

① 优等品。水泥产品标准必须达到国际先进水平，且水泥实物质量水平与国外同类产品相比达到近 5 年内的先进水平。

② 一等品。水泥产品标准必须达到国际一般水平，且水泥实物质量水平达到国际同类产品的一般水平。

③ 合格品。按我国现行水泥产品标准组织生产，水泥实物质量水平必须达到现行产品标准的要求。

水泥的实物质量等级应符合表 3-33 的要求。

3.4 材料的验收管理

水泥的实物质量等级 表 3-33

项目		质量等级				
		优等品		一等品		合格品
		硅酸盐水泥 普通硅酸盐水泥	矿渣硅酸盐水泥 火山灰质硅酸盐水泥 粉煤灰硅酸盐水泥 复合硅酸盐水泥	硅酸盐水泥 普通硅酸盐水泥	矿渣硅酸盐水泥 火山灰质硅酸盐水泥 粉煤灰硅酸盐水泥 复合硅酸盐水泥	硅酸盐水泥 普通硅酸盐水泥 矿渣硅酸盐水泥 火山灰质硅酸盐水泥 粉煤灰硅酸盐水泥 复合硅酸盐水泥
抗压强度	3d $\geq$	24.0MPa	22.0MPa	20.0MPa	17.0MPa	符合通用水泥各品种的技术要求
	28d $\geq$	48.0MPa	48.0MPa	46.0MPa	38.0MPa	
	$\leq$	$1.1\overline{R}$	$1.1\overline{R}$	$1.1\overline{R}$	$1.1\overline{R}$	
终凝时间(min) $\leq$		300	330	360	420	
氯离子含量(%) $\leq$		0.06				

注:$\overline{R}$ 表示同品种同强度等级水泥 28d 抗压强度上月平均值,至少以 20 个编号平均,不足 20 个编号时,可 2 个月或 3 个月合并计算。对于 62.5(含 62.5)以上水泥,28d 抗压强度不大于 $1.1\overline{R}$ 的要求不作规定。

(4) 水泥的数量检验

袋装水泥在车上或卸入仓库后点袋计数,同时对水泥要实行抽检,以防每袋重量不足。袋破的要灌袋计数并过秤,防止重量不足而影响混凝土和砂浆强度而造成质量事故。罐车运送的散装水泥,可按出厂秤码单计量净重,但要注意卸车时要卸净,检查的方法是看罐车上的压力表是否为零以及拆下的泵管是否有水泥。压力表为零、管口无水泥即表明卸净,对怀疑重量不足的车辆,可采取单独存放,进行检查。

水泥的数量验收也是根据国家标准的规定进行。国家标准规定:袋装水泥每袋净含量 50kg,且不得少于标志质量的 98%。随机抽取 20 袋总净质量不得少于 1000kg。

2. 钢材

(1) 建筑钢材的验收原则

建筑钢材从钢厂到施工现场经过了商品流通的多道环节中,建筑钢材的检验验收是其中必不可少的环节。建筑钢材应按批进行验收,并达到如表 3-34 中的四项基本要求。

建筑钢材的验收基本原则 表 3-34

序号	原则	主要内容
1	订货和发货资料要与实物一致	检查发货码单与质量证明书内容是否与建筑钢材标牌标志上的内容相符
2	检查包装	除大中型型钢之外,不论是钢筋还是型钢,都应成捆交货,每捆必须用钢带、盘条或铁丝均匀捆扎结实,端面要平齐,不得有异类钢材混装现象
3	对建筑钢材质量证明书内容审核	质量证明书字迹要清楚、证明书中应注明:供方名称或厂标;需方名称;发货日期;标准号及水平等级;合同号;牌号;炉罐(批)号;加工用途、交货状态、重量、支数或件数;标准中所规定的各项试验结果(包括参考性指标);品种名称、规格尺寸(型号)和级别;技术监督部门印记等
4	建立材料台账	建筑钢材进场后,施工单位要及时建立"建设工程材料采购验收检验使用综合台账"。监理单位可设立"建设工程材料监理监督台账"。其内容包括:材料名称、规格品种、供应单位、生产单位、进货日期、送货单编号、生产许可证编号、实收数量、质量证明书编号、产品标识(标志)、外观质量情况、材料检验日期、材料检测结果、检验报告编号、使用部位、工程材料报审表签认日期、审核人员签名等

(2) 外观验收

钢材的表面外观质量除应符合国家现行有关标准的规定外，还应符合下列规定：

1) 当钢材的表面有锈蚀、麻点或划痕等缺陷时，其深度不得大于该钢材厚度负允许偏差值的1/2。

2) 钢材表面的锈蚀等级应符合现行国家标准《涂覆涂料前钢材表面处理 表面清洁度的目视评定 第1部分：未涂覆过的钢材表面和全面清除原有涂层后的钢材表面的锈蚀等级和处理等级》（GB/T 8923.1—2011）规定的C级及C级以上。

3) 钢材端边或断口处不应有分层、夹渣等缺陷。

钢筋应平直、无损伤，表面不得有裂纹、油污、颗粒状或片状老锈。钢板厚度及允许偏差应符合其产品标准的要求。型钢的规格尺寸及允许偏差应符合其产品标准的要求。

(3) 质量验收

钢材的品种、规格、性能等应符合现行国家产品标准和设计要求。

钢筋进场时，应检查产品合格证书、出厂检验报告，按现行国家标准《钢筋混凝土用钢 第2部分热轧带肋钢筋》（GB 1499.2—2007/XG1—2009）等的规定抽取试件做力学性能检验，其质量必须符合有关标准的规定。当发现钢筋脆断、焊接性能不良或力学性能显著不正常等现象时，应对该批钢筋进行化学成分检验或其他专项检验。

1) 普通碳素结构钢。按现行国家标准《碳素结构钢》（GB/T 700—2006）规定，碳素结构钢的牌号由代表屈服强度的字母、屈服强度数值、质量等级符号、脱氧方法符号等四个部分按顺序组成，Q为钢材屈服强度"屈"字汉语拼音首位字母；A、B、C、D分别为质量等级；F——沸腾钢"沸"字汉语拼音首位字母；Z——镇静钢"镇"字汉语拼音首位字母；TZ——特殊镇静钢"特镇"两字汉语拼音首位字母。在牌号组成表示方法中，"Z"与"TZ"符号可以省略。

碳素结构钢按屈服强度大小，分为Q195、Q215、Q235和Q275等牌号。不同牌号、不同等级的钢材对力学性能指标要求不同，具体要求见表3-35、表3-36。

碳素结构钢的拉伸试验要求　　　　表3-35

牌号	等级	屈服强度① R_{eH}（N/mm²）不小于						抗拉强度② R_m（N/mm²）	断后伸长率 A（%）不小于						冲击试验（V型缺口）	
		厚度（或直径）（mm）							厚度（或直径）（mm）						温度（℃）	冲击吸收功（纵向）（J）不小于
		≤16	>16~40	>40~60	>60~100	>100~150	>150~200		≤40	>40~60	>60~100	>100~150	>150~200			
Q195	—	195	185	—	—	—	—	315~430	33						—	—
Q215	A	215	205	195	185	175	165	335~450	31	30	29	27	26		—	—
	B														+20	27
Q235	A	235	225	215	215	195	185	370~500	26	25	24	22	21		—	—
	B														+20	
	C														0	27③
	D														−20	

3.4 材料的验收管理

续表

牌号	等级	屈服强度① R_{eH}（N/mm²）不小于						抗拉强度② R_m （N/mm²）	断后伸长率 A（%）不小于					冲击试验（V型缺口）	
		厚度（或直径）(mm)							厚度（或直径）(mm)					温度（℃）	冲击吸收功（纵向）(J)不小于
		≤16	>16~40	>40~60	>60~100	>100~150	>150~200		≤40	>40~60	>60~100	>100~150	>150~200		
Q275	A	275	265	255	245	225	215	410~540	22	21	20	18	17	—	
	B													+20	27
	C													0	
	D													−20	

注：①Q195的屈服强度值仅供参考，不作交货条件。
②厚度大于100mm的钢材，抗拉强度下限允许降低20N/mm²。宽带钢（包括剪切钢板）抗拉强度上限不作交货条件。
③厚度小于25mm的Q235B级钢材，如供方能保证冲击吸收功值合格，经需方同意，可不作检验。

碳素结构钢弯曲试验要求 表3-36

牌号	试样方向	冷弯试验180° B=2a①	
		钢材厚度（或直径）②（mm)	
		≤60	>60~100
		弯心直径 d	
Q195	纵	0	—
	横	0.5a	
Q215	纵	0.5a	1.5a
	横	a	2a
Q235	纵	a	2a
	横	1.5a	2.5a
Q275	纵	1.5a	2.5a
	横	2a	3a

注：① B 为试样宽度，a 为试样厚度（或直径）。
②钢材厚度（或直径）大于100mm时，弯曲试验由双方协商确定。

2）低合金高强度结构钢。低合金高强度结构钢的强度等级有 Q345、Q390、Q420、Q460、Q500、Q550、Q620 和 Q690。钢的强度等级仍采用钢材厚度（或直径）≤16mm 时的屈服点数值。

低合金高强度结构钢有 A、B、C、D、E 五个质量等级。前四个等级的要求与碳素结构钢的相同，等级 E 则要求−40℃时的冲击韧性。A 级钢应进行冷弯试验，对于其他质量等级钢，如供方能保证弯曲试验结果符合规定要求，则可不作检验。

低合金高强度结构钢的拉伸试验的性能应符合表3-37的规定。

3 材料采购与验收管理

表3-37 低合金高强度结构钢的拉伸试验的性能

牌号	质量等级	下屈服强度 R_{eL}（MPa）以下公称厚度（直径、边长）								抗拉强度 R_m（MPa）以下公称厚度（直径、边长）						断后伸长率 A（%）公称厚度（直径、边长）					
		≤16mm	>16mm~40mm	>40mm~63mm	>63mm~80mm	>80mm~100mm	>100mm~150mm	>150mm~200mm	>200mm~250mm	≤40mm	>40mm~63mm	>63mm~80mm	>80mm~100mm	>100mm~150mm	>150mm~250mm	≤40mm	>40mm~63mm	>63mm~100mm	>100mm~150mm	>150mm~250mm	>250mm~400mm
Q345	A	≥345	≥335	≥325	≥315	≥305	≥285	≥275	≥265	470~630	470~630	470~630	470~630	450~600	450~600	≥20	≥19	≥19	≥18	≥17	—
	B															≥20	≥19	≥19	≥18	≥17	—
	C															≥21	≥20	≥20	≥19	≥18	≥17
	D															≥21	≥20	≥20	≥19	≥18	≥17
	E															≥21	≥20	≥20	≥19	≥18	≥17
Q390	A	≥390	≥370	≥350	≥330	≥310	—	—	—	490~650	490~650	490~650	490~650	470~620	—	≥20	≥19	≥19	≥18	—	—
	B																				
	C																				
	D																				
	E																				
Q420	A	≥420	≥400	≥380	≥360	≥340	—	—	—	520~680	520~680	520~680	520~680	500~650	—	≥19	≥18	≥18	≥18	—	—
	B																				
	C																				
	D																				
	E																				
Q460	C	≥460	≥440	≥420	≥400	≥380	—	—	—	550~720	550~720	550~720	550~720	530~700	—	≥17	≥16	≥16	≥16	—	—
	D																				
	E																				

3.4 材料的验收管理

续表

<table>
<tr><th rowspan="3">牌号</th><th rowspan="3">质量等级</th><th colspan="15">拉伸试验[a,b,c]</th></tr>
<tr><th colspan="7">以下公称厚度（直径、边长）下屈服强度（R_{eL}）(MPa)</th><th colspan="6">以下公称厚度（直径、边长）抗拉强度（R_m）(MPa)</th><th colspan="5">断后伸长率（A）(%)
公称厚度（直径、边长）</th></tr>
<tr><th>≤16mm</th><th>>16mm
40mm</th><th>>40mm
63mm</th><th>>63mm
80mm</th><th>>80mm
100mm</th><th>>100mm
150mm</th><th>>150mm
200mm</th><th>>200mm
250mm</th><th>>250mm
~
400mm</th><th>≤40mm</th><th>>40mm
63mm</th><th>>63mm
80mm</th><th>>80mm
100mm</th><th>>100mm
150mm</th><th>>150mm
250mm</th><th>>250mm
~
400mm</th><th>≤40mm</th><th>>40mm
63mm</th><th>>63mm
100mm</th><th>>100mm
150mm</th><th>>150mm
250mm</th></tr>
<tr><td rowspan="3">Q500</td><td>C</td><td rowspan="3">≥500</td><td rowspan="3">≥480</td><td rowspan="3">≥470</td><td rowspan="3">≥450</td><td rowspan="3">≥400</td><td rowspan="3">—</td><td rowspan="3">—</td><td rowspan="3">—</td><td rowspan="3">—</td><td rowspan="3">610~
770</td><td rowspan="3">600~
760</td><td rowspan="3">590~
750</td><td rowspan="3">540~
730</td><td rowspan="3">—</td><td rowspan="3">—</td><td rowspan="3">—</td><td rowspan="3">≥17</td><td rowspan="3">≥17</td><td rowspan="3">≥17</td><td rowspan="3">—</td><td rowspan="3">—</td></tr>
<tr><td>D</td></tr>
<tr><td>E</td></tr>
<tr><td rowspan="3">Q550</td><td>C</td><td rowspan="3">≥550</td><td rowspan="3">≥530</td><td rowspan="3">≥520</td><td rowspan="3">≥500</td><td rowspan="3">≥490</td><td rowspan="3">—</td><td rowspan="3">—</td><td rowspan="3">—</td><td rowspan="3">—</td><td rowspan="3">670~
830</td><td rowspan="3">620~
810</td><td rowspan="3">600~
790</td><td rowspan="3">590~
780</td><td rowspan="3">—</td><td rowspan="3">—</td><td rowspan="3">—</td><td rowspan="3">≥16</td><td rowspan="3">≥16</td><td rowspan="3">≥16</td><td rowspan="3">—</td><td rowspan="3">—</td></tr>
<tr><td>D</td></tr>
<tr><td>E</td></tr>
<tr><td rowspan="3">Q620</td><td>C</td><td rowspan="3">≥620</td><td rowspan="3">≥600</td><td rowspan="3">≥590</td><td rowspan="3">≥570</td><td rowspan="3">—</td><td rowspan="3">—</td><td rowspan="3">—</td><td rowspan="3">—</td><td rowspan="3">—</td><td rowspan="3">710~
880</td><td rowspan="3">690~
880</td><td rowspan="3">670~
860</td><td rowspan="3">—</td><td rowspan="3">—</td><td rowspan="3">—</td><td rowspan="3">—</td><td rowspan="3">≥15</td><td rowspan="3">≥15</td><td rowspan="3">≥15</td><td rowspan="3">—</td><td rowspan="3">—</td></tr>
<tr><td>D</td></tr>
<tr><td>E</td></tr>
<tr><td rowspan="3">Q690</td><td>C</td><td rowspan="3">≥690</td><td rowspan="3">≥670</td><td rowspan="3">≥660</td><td rowspan="3">≥640</td><td rowspan="3">—</td><td rowspan="3">—</td><td rowspan="3">—</td><td rowspan="3">—</td><td rowspan="3">—</td><td rowspan="3">770~
940</td><td rowspan="3">750~
920</td><td rowspan="3">730~
900</td><td rowspan="3">—</td><td rowspan="3">—</td><td rowspan="3">—</td><td rowspan="3">—</td><td rowspan="3">≥14</td><td rowspan="3">≥14</td><td rowspan="3">≥14</td><td rowspan="3">—</td><td rowspan="3">—</td></tr>
<tr><td>D</td></tr>
<tr><td>E</td></tr>
</table>

注：[a] 当屈服不明显时，可测量 $R_{p0.2}$ 代替屈服强度。
[b] 宽度不小于600mm扁平材，拉伸试验取横向试样；宽度小于600mm的扁平材、型材及棒材取纵向试样，断后伸长率最小值相应提高1%（绝对值）。
[c] 厚度>2500mm～400mm的数值适用于扁平材。

3）型钢。型钢在建筑中主要用于承重结构，通过各种形式和不同规格的型钢组成自重轻、承载力大、外形美观的钢结构。钢结构常用的型钢有工字钢、槽钢、角钢、圆钢、方钢、扁钢等。

钢结构用钢的钢种和牌号，主要根据结构的重要性、荷载特征、结构形式、应力状态、连接方法、钢材厚度和工作环境等因素选择。对于承受动力荷载或振动荷载的结构、处于低温环境的结构，应选择韧性好，脆性临界温度低的钢材。对于焊接结构应选择焊接性能好的钢材。

① 角钢。常用热轧角钢有等边角钢和不等边角钢两种，长度一般为3~19m。

等边角钢的符号是"L 边长×厚度"，例如 L100×8，单位 mm 不必注明。热轧等边角钢可按结构的不同需要组成各种不同的受力构件，也可做构件之间的连接件，广泛用于各种建筑结构。热轧等边角钢的边宽度（b）、边厚度（d）的尺寸允许偏差，见表3-38。

等边角钢边宽度及边厚度允许偏差　　表3-38

型　号	允许偏差（mm）	
	边宽度 b	边厚度 d
2~5.6	±0.8	±0.4
6.3~9	±1.2	±0.6
10~14	±1.8	±0.7
16~20	±2.5	±1.0

热轧不等边角钢的型号用符号"L"和长肢宽（mm）×短肢宽（mm）×肢厚（mm）表示，如 L100×80×8 为长肢宽 100mm、短肢宽 80mm、肢厚 8mm 的不等边角钢。热轧不等边角钢边宽度（B、b）、边厚度（d）的尺寸允许偏差，见表3-39。

不等边角钢边宽度及边厚度允许偏差　　表3-39

型　号	允许偏差（mm）	
	边宽度 B、b	边厚度 d
2.5/1.6~5.6/3.6	±0.8	±0.4
6.3/4~9/5.6	±1.5	±0.6
10/6.3~14/9	±2.0	±0.7
16/10~20/12.5	±2.5	±1.0

②工字钢。工字钢有普通工字钢和轻型工字钢之分，分别用符号"工"和"Q工"及号数表示，号数即为其截面高度的厘米数。

工20 和工32 以上的普通工字钢，同一号数中又有 a、b 和 a、b、c 的区别，其腹板厚度和翼缘宽度均分别递增 2mm。如工36a 表示截面高度为 360mm、腹板厚度为 a 类的普通工字钢。工字钢应尽量选用腹板厚度最薄的 a 类，这是因其线密度低，而截面惯性矩相对较大。

轻型工字钢的翼缘相对于普通工字钢的宽而薄，因此回转半径相对较大，可节省钢材。工字钢由于宽度方向的惯性矩和回转半径比高度方向的小得多，因而在应用上有一定的局限性，一般宜用于单向受弯构件。

3.4 材料的验收管理

工字钢通常长度见表3-40。每米弯曲度不大于2mm,总弯曲度不大于总长度的0.2%,并不得有明显的扭转。

工字钢长度 表3-40

型号	10~18	20~63
长度(m)	5~19	6~19

工字钢的高度(h)、腿宽度(b)、腰厚度(d)尺寸允许偏差应符合表3-41的规定;平均腿厚度的允许偏差为$\pm 0.06t$(t为工字钢脚厚度);弯腰挠度不应超过$0.15d$;腿的外缘斜度单腿不大于$1.5\%b$,双腿不大于$2.5\%b$。

工字钢的截面尺寸允许偏差 表3-41

型号	允许偏差(mm)		
	高度 h	腿宽度 b	腰厚度 d
≤14	±2.0	±2.0	±0.5
>14~18		±2.5	
>18~30	±3.0	±3.0	±0.7
>30~40		±3.5	±0.8
>40~63	±4.0	±4.0	±0.9

③槽钢。槽钢分普通槽钢和轻型槽钢两种,型号用符号"["和"Q["及号数表示,号数也代表截面高度的厘米数。[14号和[25号以上的普通槽钢,同一号数中又分a、b和a、b、c类型,其腹板厚度和翼缘宽度均分别递增2mm。如[36a表示截面高度为360mm、腹板厚度为a类的普通槽钢。同样,轻型槽钢的翼缘相对于普通槽钢宽而薄,故较经济。

槽钢面的高度(h)、腿宽度(b)、腰厚度(t_w)的尺寸允许偏差,见表3-42。

槽钢的高度、腿宽度、腰厚度的尺寸允许偏差 表3-42

型号	允许偏差(mm)		
	高度 h	腿宽度 b	腰厚度 t_w
5~8	±1.5	±1.5	±0.4
>8~14	±2.0	±2.0	±0.5
>14~18		±2.5	±0.6
>18~30	±3.0	±3.0	±0.7
>30~40		±3.5	±0.8

4)钢筋。钢筋是由轧钢厂将炼钢厂生产的钢锭经专用设备和工艺制成的条状材料。在钢筋混凝土和预应力钢筋混凝土中,钢筋属于隐蔽材料,其品质优劣对工程影响较大。钢筋抗拉能力强,在混凝土中加钢筋,使钢筋和混凝土粘结成一整体,构成钢筋混凝土构件,就能弥补混凝土的不足。

钢筋的牌号不仅表明了钢筋的品种,而且还可以大致判断钢筋的质量。见表3-43。

钢 筋 牌 号 表3-43

序号	分类	内容
1	牌号中的HRB	分别为热轧、带肋、钢筋三个词的英文首位字母，后面的数字是表示钢筋的屈服强度最小值
2	牌号中的HPB	分别为热轧、光圆、钢筋三个词的英文首位字母，后面的数字是表示钢筋的屈服强度最小值
3	牌号中的CRB	分别为冷轧、带肋、钢筋三个词的英文首位字母，后面的数字是表示钢筋的抗拉强度最小值

工程中经常使用的钢筋品种有：钢筋混凝土用热轧带肋钢筋、低碳钢热轧圆盘条、钢筋混凝土用热轧光圆钢筋、冷轧带肋钢筋及钢筋混凝土用余热处理钢筋等。建筑施工所用钢筋应与设计相符，并且满足产品标准要求。

①钢筋混凝土用热轧带肋钢筋。钢筋混凝土用热轧带肋钢筋（称螺纹钢）是最常用的一种钢筋，是用低合金高强度结构钢轧制成的条形钢筋，一般带有2道纵肋和沿长度方向均匀分布的横肋，按肋纹的形状又分为月牙肋与等高肋。因表面肋的作用，和混凝土有较大的粘结能力，所以能更好地承受外力的作用，适用于作为非预应力钢筋、箍筋及构造钢筋。热轧带肋钢筋经冷拉后还可作为预应力钢筋。热轧带肋钢筋公称直径范围6～50mm。推荐的公称直径（与该钢筋横截面面积相等的圆所对应的直径）为6、8、10、12、16、20、25、32、40及50mm。

②钢筋混凝土用热轧光圆钢筋。热轧光圆钢筋是经热轧成型并自然冷却而成的横截面，为圆形，且表面为光滑的钢筋混凝土配筋用钢材，钢种为碳素结构钢，钢筋级别为Ⅰ级，强度代号为R235（R代表热轧，屈服强度数值为235MPa）。一般适用于作为非预应力钢筋、箍筋、构造钢筋以及吊钩等。热轧光圆钢筋的直径范围为8～20mm。推荐的公称直径为8、10、12、16及20mm。

③低碳钢热轧圆盘条。热轧盘条是热轧型钢中截面尺寸最小的一种，一般通过卷线机卷成盘卷供应，所以称盘条或盘圆。低碳钢热轧圆盘条由屈服强度较低的碳素结构钢轧制，是目前用量最大、使用最广的线材，适用于非预应力钢筋、箍筋、构造钢筋及吊钩等。热轧圆盘条是冷拔低碳钢丝的主要原材料，用热轧圆盘条冷拔而成的冷拔低碳钢丝可，作为预应力钢丝，用于小型预应力构件或其他构造钢筋、网片等。热轧盘条的直径范围为5.5～14.0mm。常用的公称直径为5.5、6.0、6.5、7.0、8.0、9.0、10.0、11.0、12.0、13.0及14.0mm。

④冷轧带肋钢筋。冷轧带肋钢筋是以碳素结构钢或低合金热轧圆盘条为母材，经冷轧（通过轧钢机轧成表面有规律变形的钢筋）或冷拔（通过冷拔机上的孔模，拔成一定截面尺寸的细钢筋）减径后在其表面冷轧成三面或二面有肋的钢筋，提高了钢筋与混凝土间的粘结力。适用于作为小型预应力构件的预应力钢筋、箍筋、构造钢筋及网片等。与热轧圆盘条相比较，冷轧带肋钢筋的强度提高了17%左右。冷轧带肋钢筋的直径范围为4～12mm。

⑤钢筋混凝土用余热处理钢筋。钢筋混凝土用余热处理钢筋是指低合金高强度结构钢经热轧后，立即穿水，作表面控制冷却，再利用芯部余热自身完成回火处理所得的成品钢筋。其性能均匀，晶粒细小，在保证良好塑性、焊接性能的条件下，屈服点提高10%左右，用作钢筋混凝土结构的非预应力钢筋、箍筋以及构造钢筋，可节约材料并提高构件的

3.4 材料的验收管理

安全可靠性。余热处理月牙肋钢筋的级别为Ⅲ级,强度等级代号为KL400(其中"K"表示"控制")。余热处理钢筋的直径范围为8~40mm。推荐的公称直径为8、10、12、16、20、25、32及40mm。

(4) 数量验收(检磅计重)

现场钢材数量验收,可通过称重、点件、检尺换算等几种方式验收。验收中应注意的是,称重验收可能产生误差,其误差在国家标准允许范围内,即签认送货单数量;若量差超过国家标准允许范围,则应找有关部门解决。检尺换算所得重量与称重所得重量会产生误差,特别是国产钢材其误差量可能较大。因此,供需双方应统一验收方法,当现场数量检测确实有困难时,可到供料单位监磅发料,保证进场材料数量准确。

3. 木材

(1) 木材强度等级检验

1) 试材应在每检验批每一树种木材中随机抽取3株(根)木料,应在每株(根)试材的髓心外切取3个无疵弦向静曲强度试件为一组,试件尺寸和含水率应符合现行国家标准《木材抗弯强度试验方法》(GB/T 1936.1—2009)的有关规定。

2) 弦向静曲强度试验和强度实测计算方法,应按现行国家标准《木材抗弯强度试验方法》(GB/T 1936.1—2009)有关规定进行,并应将试验结果换算至木材含水率为12%时的数值。

3) 各组试件静曲强度试验结果的平均值中的最低值不低于表3-44的规定值时,应为合格。

木材静曲强度检验标准　　表3-44

木材种类	针叶材				阔叶材			
强度等级	TC11	TC13	TC15	TC17	TB11	TB12	TB15	TB17	TB20
最低强度(N/mm^2)	44	51	58	72	58	68	78	88	98

(2) 木材的质量与外观验收

木材的质量验收包括材种验收和等级验收。木材验收时,首先辨认材料品种与规格。其次对照木材质量标准,查验其腐朽、弯曲、钝棱、活死节、裂纹以及斜纹等缺陷是否与标准规定的等级相符。

1) 方木的材质标准应符合表3-45的规定。

方木材质标准　　表3-45

项次	缺陷名称		木材等级		
			Ⅰ$_a$	Ⅱ$_a$	Ⅲ$_a$
1	腐朽		不允许	不允许	不允许
2	木节	在构件任一面任何150mm长度上所有木节尺寸的总和与所在面宽的比值	≤1/3 (连接部位≤1/4)	≤2/5	≤1/2
		死节	不允许	允许,但不包括腐朽节,直径不应大于20mm,且每延米中不得多于1个	允许,但不包括腐朽节,直径不应大于50mm,且每延米中不得多于2个

续表

项次	缺陷名称		木材等级		
			Ⅰa	Ⅱa	Ⅲa
3	斜纹	斜率	≤5%	≤8%	≤12%
4	裂纹	在连接的受剪面上	不允许	不允许	不允许
		在连接部位的受剪面附近,其裂纹深度(有对面裂纹时,用两者之和)不得大于材宽的	≤1/4	≤1/3	不限
5	髓心		不在受剪面上	不限	不限
6	虫眼		不允许	允许表面虫眼	允许表层虫眼

2) 木节尺寸应按垂直于构件长度方向测量,并应取沿构件长度方向150mm范围内所有木节尺寸的总和如图3-2（a）所示。直径小于10mm的木节应不计,所测面上呈条状的木节应不量如图3-2（b）所示。

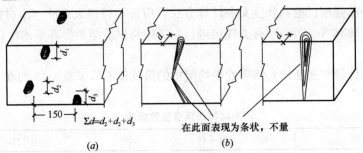

图 3-2 木节量测法
(a) 量测的木节;(b) 不量测的条状木节

3) 原木的材质标准应符合表3-46的规定。

原木材质标准　　　　　　　　　　　表 3-46

项次	缺陷名称		木材等级		
			Ⅰa	Ⅱa	Ⅲa
1	腐朽		不允许	不允许	不允许
2	木节	在构件任何150mm长度上沿周长所有木节尺寸的总和,与所测部位原木周长的比值	≤1/4	≤1/3	≤2/5
		每个木节的最大尺寸与所测部位原木周长的比值	≤1/10（普通部位） ≤1/12（连接部位）	≤1/6	≤1/6
		死节	不允许	不允许	允许,但直径不大于原木直径的1/5,没2m长度内不多于1个
3	扭纹	斜率	≤8%	≤12%	15%

3.4 材料的验收管理

续表

项次	缺陷名称		木材等级		
			Ⅰa	Ⅱa	Ⅲa
4	裂缝	在连接部位的受剪面上	不允许	不允许	不允许
		在连接部位的受剪面附近，其裂缝深度（有对面裂缝时，两者之和）与原木直径的比值	≤1/4	≤1/3	不限
5	髓心	位置	不在受剪面上	不限	不限
6	虫眼		不允许	允许表层虫眼	允许表层虫眼

注：木节尺寸按垂直于构件长度方向测量。直径小于10mm的木节不计。

4) 板材的材质标准应符合表3-47的规定。

板材材质标准　　　　　　　　　　　　表3-47

项次	缺陷名称		木材等级		
			Ⅰa	Ⅱa	Ⅲa
1	腐朽		不允许	不允许	不允许
2	木节	在构件任一面任何150mm长度上所有木节尺寸的总和与所在面宽的比值	≤1/4（连接部位≤1/5）	≤1/3	≤2/5
		死节	不允许	允许，但不包括腐朽节，直径不应大于20mm，且每延米中不得多于1个	允许，但不包括腐朽节，直径不应大于50mm，且每延米中不得多于2个
3	斜纹	斜率	≤8%	≤12%	15%
4	裂缝	连接部位的受剪面及其附近	不允许	不允许	不允许
5	髓心		不允许	不允许	不允许

(3) 数量验收

木材的数量以材积表示，要按规定方法进行检尺，按材积表查定材积，也可按公式计算。如板材或方材的材积计算公式为：

$$V = \frac{BHL}{10000} \quad (3-4)$$

式中　V——木材材积，m^3。
　　　B——板材（方材）宽，cm。
　　　H——板材（方材）厚，cm。
　　　L——板材（方材）长，m。

原条的材积计算公式为：

$$V = \frac{\pi}{4}D^2L\frac{1}{10000} \tag{3-5}$$

式中 V——木材材积，m^3。

π——圆周率。

L——原条的检尺长度，m。

D——长度中心位置的断面直径，cm。

4. 块材

现场用块材多为砖、砌块等材料。

(1) 外观验收

块材外观验收时，应看颜色，不合格的块材不能使用。烧结砖的颜色过淡或过重时，不应使用。块材的规格，应按照块材的等级要求进行验收。

(2) 质量验收

检验块材的抗压、抗折、抗冻等数据，以产品合格证书、产品性能检测报告为凭证。

(3) 数量验收

1) 定量码垛点数：在指定的地点码垛点数或者按托板计数。

当采用托板计数方式时，用托板装运的砖，按不同砖每托板规定的装砖数，集中整齐码放，清点数量为每托板数量与托板数的乘积。

2) 车上点数：对于车上码放整齐、亟待使用的块材，边卸边用时，可直接在车上点数。

5. 建筑用砂、石

建筑中用粗骨料主要可以分为卵石和碎石。卵石是自然风化、水流搬运和分选、堆积形成的粒径大于4.75mm的岩石颗粒。碎石是天然岩石或卵石经机械破碎、筛分制成的粒径大于4.75mm的岩石颗粒。按照技术要求，卵石、碎石分为Ⅰ类、Ⅱ类、Ⅲ类。

砂按产源分为天然砂和人工砂。天然砂包括河砂、湖砂、山砂、淡化海砂，人工砂包括机制砂、混合砂。按照技术要求，砂分为Ⅰ类、Ⅱ类、Ⅲ类。

(1) 外观验收

现场用石应检查其外观，形状以近似方块或棱角分明为好，且无风化石、石灰石等混入。

现场用砂应观看其颜色，砂颗粒应坚硬洁净，泥块、粉末含量不应超过3%～5%。例如，当外观颜色发灰黑时，手握成团，松开后出现粘连小块，说明含泥量过高。

(2) 质量验收

每批卵石和碎石进场时，应对其颗粒级配、含泥量、泥块含量及针片状含量进行验收。对重要工程或特别工程应根据工程要求，增加检测项目。卵石和碎石的相关指标应符合《建筑用卵石、碎石》(GB/T 14685—2011)中的相关规定。

天然砂的检验项目为颗粒级配、细度模数、松散堆积密度、含泥量、泥块含量以及云母含量。人工砂的检验项目为颗粒级配、细度模数、松散堆积密度、石粉含量（含亚甲蓝试验）、泥块含量、坚固性。砂的相关检验指标应符合《建筑用砂》(GB/T 14684—2011)中的相关规定。

(3) 数量验收

3.4 材料的验收管理

砂、石的数量按运输工具不同、条件不同而采取量方、过磅计量等方法，见表3-48。

数量验收的方法　　　　　　　　　　　　　　　　　　　　表3-48

序号	验收方法	内　容
1	量方验收	进料后先做方，即把材料做成四棱台堆放在平整的地上（图3-3）。凡是出厂有计数凭证的（也称上量方）以发货凭证的数量为准，但应进行抽查。凡进场计数（也称下量方）一般在现场落地成方，检查验收，也可在车上检查验收。无论是上量方抽查，还是下量方检查，都应考虑运输过程的下沉量。 成方后进行长、宽、高测量，然后计算体积： $$V=\frac{h}{6}[ab+(a+a_1)(b+b_1)+a_1b_1] \quad (3-6)$$ 式中　a、b——砂石堆方底面边长； 　　　a_1、b_1——砂石堆方顶面边长； 　　　h——砂石堆高 当砂石料以吨为单位计量时，应根据所求体积与其堆积密度计算出相应质量
2	过磅计量	发货单位经过地磅，每车随附秤码单送到现场时，应收下每车的秤码单，记录车号，在最后一车送到后，核对收到的秤码单和送货凭证是否相符
3	其他计量	水运码头接货无地磅，又缺乏堆方场地时，可直接在车船上抽查。一种方法是利用船上载重水位线表示的吨位计算；另一种方法是在运输车上快速将黄砂拉平，量其装载高度，按照车型固定的长度计算体积，然后换算成质量

6. 石材

建筑装饰用石材主要分为天然石材、人造石材、超薄天然石材型复合板。天然石材在建筑装饰中使用最广泛的主要有花岗石、大理石、砂岩和石灰石。人造石材是以石料、不饱和聚酯树脂或水泥为主要原料，经搅拌混合、真空加压、振动成型、固化、锯磨、切割等工序加工而成的人造石材。超薄天然石材型复合板是由两种及两种以上不同板材用胶粘剂粘结而成的面材为天然石材的新型建筑装饰材料。

（1）石材的分类

石材的分类见表3-49。

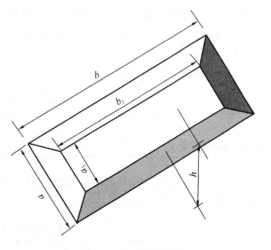

图3-3　砂石堆码形状

石材的分类　　　　　　　　　　　　　　　　　　　　表3-49

序号	石材名称	分　类
1	天然花岗石	（1）按形状分为：毛光板、普型板、圆弧板、异型板； （2）按表面加工程度分为：镜面板、细面板、粗面板； （3）按用途分为：一般用途和功能用途； （4）按等级分为：优等品、一等品、合格品
2	天然大理石	（1）按形状分为：普型板和圆弧板； （2）按等级分为：优等品、一等品、合格品

续表

序号	石材名称	分 类
3	天然砂岩	(1) 按形状分为：毛板、普型板、圆弧板、异型板； (2) 按矿物组成种类分为：杂砂岩、石英砂岩、石英岩； (3) 按等级分为：优等品、一等品、合格品
4	天然石灰石	(1) 按形状分为：毛光板、普型板、圆弧板、异型板； (2) 按密度分为：低密度石灰石、中密度石灰石、高密度石灰石； (3) 按等级分为：优等品、一等品、合格品
5	人造石	(1) 按粘合剂材料分为：树脂型和水泥型； (2) 按石材颗粒大小分为：细骨料和粗骨料； (3) 树脂型按成型方法分为：方料法和压板法
6	超薄天然石材型复合板	(1) 按基材类型分为：石材－瓷砖复合板、石材－石材复合板、石材－玻璃复合板、石材－铝蜂窝复合板； (2) 按形状分为：普型板和圆弧板； (3) 按面材表面加工程度分为：镜面板、亚光面板、粗面板； (4) 按等级分为：优等品、一等品、合格品

(2) 天然大理石

大理石是指以大理岩为代表的一类装饰石材，包括灰酸盐岩和有关的变质岩，主要成分为碳酸盐矿物，一般质地较软，主要成分为碳酸盐矿物的饰面石材叫作大理石。由于大理石一般都含有杂质，而且碳酸钙在大气中受二氧化碳、碳化物、水汽的作用，也容易风化和溶蚀，而使表面很快失去光泽。所以少数的，如汉白玉、艾叶青等质纯、杂质少的比较稳定耐久的品种可用于室外，其他品种不宜用于室外，一般只用于室内装饰面。

1) 天然大理石荒料。按规格尺寸将荒料分为三类，见表3-50。按荒料的长度、宽度和高度的极差及外观质量将荒料分为一等品（Ⅰ）、二等品（Ⅱ）两个等级。

天然大理石荒料的分类　　　　　　　　　表 3-50

类 别	大 料	中 料	小 料
长度×宽度×高度（cm）≥	280×80×160	200×80×130	100×50×40

荒料应具有直角六面体形状，最小规格尺寸应符合表 3-51 的规定，长度、宽度、高度极差应符合表 3-52 的规定。

荒料的最小规格尺寸　　　　　　　　　表 3-51

项 目	长 度	宽 度	高 度
指标（cm）≥	100	50	40

荒料的长度、宽度、高度极差　　　　　　　　　表 3-52

等 级	一 等 品	二 等 品
极差（cm）≤	6.0	10.0

同一批荒料的色调、花纹应基本一致；当出现明显裂纹时，应扣除裂纹所造成的荒料体积损失，扣除体积损失后每块荒料的规格尺寸应满足表 3-51 的规定；荒料色斑、缺陷的质量要求应符合表 3-53 规定。荒料的物理性能指标应符合表 3-54 的规定。

3.4 材料的验收管理

荒料色斑、缺陷的质量要求　　　　　　　　　　　　　　　　　　表 3-53

缺陷名称	规定内容	一等品	二等品
色斑	面积小于 $6cm^2$（面积小于 $2cm^2$ 不计），每面允许个数（个）	2	3

荒料的物理性能　　　　　　　　　　　　　　　　　　　　　　　表 3-54

项目	指标
体积密度（g/cm^3）　≥	2.60
吸水率（%）　≤	0.50
干燥压缩强度（MPa）　≥	50.0
干燥　弯曲强度（MPa）　≥	7.0
水饱和	

2）天然大理石建筑板材。

①普型板规格尺寸允许偏差应符合表 3-55 的规定，平面度允许公差见表 3-56，角度允许公差见表 3-57。

普型板规格尺寸允许偏差　　　　　　　　　　　　　　　　　　　表 3-55

项目		允许偏差		
		优等品	一等品	合格品
长度、宽度（mm）		0 −1.0		0 −1.5
厚度（mm）	≤12	±0.5	±0.8	±1.0
	>12	±1.0	±1.5	±2.0
干挂板材厚度（mm）		+2.0 0		+3.0 0

普型板平面度允许公差　　　　　　　　　　　　　　　　　　　　表 3-56

板材长度（mm）	允许公差（mm）		
	优等品	一等品	合格品
≤400	0.2	0.3	0.5
>400～≤800	0.5	0.6	0.8
>800	0.7	0.8	1.0

普型板角度允许公差　　　　　　　　　　　　　　　　　　　　　表 3-57

板材长度（mm）	允许公差（mm）		
	优等品	一等品	合格品
≤400	0.3	0.4	0.5
>400	0.4	0.5	0.7

②圆弧板壁厚最小值应不小于 20mm，规格尺寸允许偏差见表 3-58，直线度与线轮廓

度允许公差见表3-59，端面角度允许公差：优等品为0.4mm，一等品为0.6mm，合格品为0.8mm。

圆弧板规格尺寸允许偏差 表3-58

项目	允许公差（mm）		
	优等品	一等品	合格品
弦长	0 / −1.0		0 / −1.5
高度	0 / −1.0		0 / −1.5

圆弧板直线度与线轮廓度允许公差 表3-59

项目		允许公差（mm）		
		优等品	一等品	合格品
直线度（mm）（按板材高度）	≤800	0.6	0.8	1.0
	>800	0.8	1.0	1.2
线轮廓度		0.8	1.0	1.2

③外观质量。同一批板材的色调应基本调和，花纹应基本一致。板材正面的外观缺陷的质量要求应符合表3-60规定。板材允许粘结和修补，但应不影响板材的装饰效果和物理性能。

④物理性能。镜面板材的镜向光泽值应不低于70光泽单位，若有特殊要求，由供需双方协商确定。板材的其他物理性能指标应符合表3-61的规定。

板材正面的外观缺陷质量要求 表3-60

名称	规定内容	优等品	一等品	合格品
裂纹	长度超过10mm的不允许条数（条）			0
缺棱	长度不超过8mm，宽度不超过1.5mm（长度≤4mm，宽度≤1mm不计），每米长允许个数（个）	0	1	2
缺角	沿板材边长顺延方向，长度≤3mm，宽度≤3mm（长度≤2mm，宽度≤2mm不计），每块板允许个数（个）			
色斑	面积不超过6cm²（面积小于2cm²不计），每块板允许个数（个）			
砂眼	直径在2mm以下		不明显	有，不影响装饰效果

板材的其他物理性能指标 表3-61

项目		指标
体积密度（g/cm³）	≥	2.30
吸水率（%）	≤	0.50
干燥压缩强度（MPa）	≥	50.0
干燥	弯曲强度（MPa） ≥	7.0
水饱和		
耐磨度ª（1/cm³）	≥	10

注：ª 为了颜色和设计效果，以两块或多块大理石组合拼接时，耐磨度差异应不大于5，建议适用于经受严重踩踏的阶梯、地面和月台使用的石材耐磨度最小为12。

3.4 材料的验收管理

(3) 天然花岗石

花岗岩为典型的深成岩,是岩浆岩中分布最广的一种岩石。主要由长石、石英和少量暗色矿物及云母(或角闪石等)组成,其中长石含量为40%~60%,石英含量为20%~40%。

花岗岩不易风化,颜色美观,外观色泽可保持百年以上,由于其硬度高、耐磨损,除了用作高级建筑装饰工程、大厅地面外,还是露天雕刻的首选之材。花岗岩石材常制作成块状石材和板状饰面石材,块状石材用于重要的大型建筑物的基础、勒脚、柱子、栏杆、踏步等部位以及桥梁、堤坝等工程中,是建造永久性工程、纪念性建筑的良好材料。如毛主席纪念堂的台基为红色花岗岩,象征着红色江山坚如磐石。板材石材质感坚实,华丽庄重,是室内外高级装饰装修板材。

1) 天然花岗石荒料。按规格尺寸将荒料分为三类,见表3-62。

天然花岗石荒料的分类　　　　　　　　　表3-62

类别	大料	中料	小料
长度×宽度×高度(cm)	≥245×100×150	≥185×60×95	≥65×40×70

荒料的最小规格尺寸应符合表3-63的规定,推荐尺寸系列见表3-64,验收尺寸缩减不小于5cm,也可由供需双方协商确定。荒料长度、宽度、高度极差应符合表3-65的规定。

荒料的最小规格尺寸　　　　　　　　　表3-63

项目	长度	宽度	高度
指标(cm)≥	65	40	70

荒料的推荐尺寸系列　　　　　　　　　表3-64

长度系列(cm)	65、70、100、130、160、190、220、250、280、310、340、370
宽度系列(cm)	40、70、100、130、160
高度系列(cm)	70、100、130、160、190、220、250

荒料长度、宽度、高度极差　　　　　　　　　表3-65

尺寸范围	≤160	>160
极差(cm)≤	4.0	6.0

同一批荒料的色调、花纹应基本一致。荒料外观缺陷应符合表3-66规定。荒料的物理性能应符合表3-67的规定,工程对石材物理性能项目及指标有特殊要求的,按工程要求执行。

荒料外观缺陷　　　　　　　　　表3-66

缺陷名称	规定内容	技术指标
裂纹	允许条数(条)	2
色斑	面积小于10cm²(面积小于3cm²不计),每面允许个数(个)	3
色线	长度小于50cm,每面允许条数(条)	3

3 材料采购与验收管理

荒料的物理性能　　　　　　　　　　　　　表 3-67

项　目		技术指标	
		一般用途	功能用途
体积密度（g/cm³） ≥		2.56	2.56
吸水率（%） ≤		0.60	0.40
压缩强度（MPa） ≥	干燥	100	131
	水饱和		
弯曲强度（MPa） ≥	干燥	8.0	8.3
	水饱和		

2）天然花岗石建筑板材。天然花岗石建筑板材的尺寸系列见表 3-68，圆弧板、异形板和特殊要求的普型板规格尺寸由供需双方协商确定。

天然花岗石建筑板材的尺寸系列　　　　　　表 3-68

边长系列（mm）	300ª、305ª、400、500、600ª、800、900、1000、1200、1500、1800
厚度系列（mm）	10ª、12、15、18、20ª、25、30、35、40、50

注：ª 常用规格。

① 毛光板的平面度公差和厚度偏差应符合表 3-69 的规定；普型板平面度允许公差应符合表 3-70 规定。

毛光板的平面度公差和厚度偏差　　　　　　表 3-69

项　目		技术指标（mm）					
		镜面和细面板材			粗面板材		
		优等品	一等品	合格品	优等品	一等品	合格品
平面度		0.80	1.00	1.50	1.50	2.00	3.00
厚度（mm）	≤12	±0.5	±1.0	+1.0 −1.5	—		
	>12	±1.0	±1.50	±2.0	+1.0 −2.0	±2.0	+2.0 −3.0

普型板平面度允许公差　　　　　　　　　　表 3-70

项目（mm）	技术指标（mm）					
	镜面和细面板材			粗面板材		
	优等品	一等品	合格品	优等品	一等品	合格品
$L \leqslant 400$	0.20	0.38	0.50	0.60	0.80	1.00
$400 < L \leqslant 800$	0.50	0.65	0.80	1.20	1.50	1.80
$L > 800$	0.70	0.85	1.00	1.50	1.80	2.00

② 普型板规格尺寸允许偏差应符合表 3-71 的规定；圆弧板壁厚最小值应不小于 18mm，规格尺寸允许偏差应符合表 3-72 的规定。

3.4 材料的验收管理

普型板规格尺寸允许偏差　　　　　　　　　　　　　　　　　　　表 3-71

项　目		技术指标（mm）					
		镜面和细面板材			粗面板材		
		优等品	一等品	合格品	优等品	一等品	合格品
长度、宽度		0 −1.0	0 −1.0	0 −1.5	0 −1.0	0 −1.0	0 −1.5
厚度（mm）	≤12	±0.5	±1.0	+1.0 −1.5	—	—	—
	>12	±1.0	±1.5	±2.0	+1.0 −2.0	±2.0	+2.0 −3.0

圆弧板规格尺寸允许偏差　　　　　　　　　　　　　　　　　　　表 3-72

项　目	技术指标（mm）					
	镜面和细面板材			粗面板材		
	优等品	一等品	合格品	优等品	一等品	合格品
弦长	0 −1.0	0 −1.0	0 −1.5	0 −1.5	0 −2.0	0 −2.0
高度				0 −1.0	0 −1.0	0 −1.5

③圆板直线度与线轮廓度允许公差应符合表 3-73 规定。

圆弧板直线度与线轮廓度允许公差　　　　　　　　　　　　　　　表 3-73

项　目		技术指标（mm）					
		镜面和细面板材			粗面板材		
		优等品	一等品	合格品	优等品	一等品	合格品
直线度（按板材高度）（mm）	≥800	0.80	1.00	1.20	1.00	1.20	1.50
	>800	1.00	1.20	1.50	1.50	1.50	2.00
线轮廓度		0.80	1.00	1.20	1.00	1.50	2.00

④普型板角度允许公差应符合表 3-74 的规定，圆弧板端面角度允许公差：优等品为 0.40mm，一等品为 0.60mm，合格品为 0.80mm。

普型板角度允许公差　　　　　　　　　　　　　　　　　　　　　表 3-74

板材长度（mm）（L）	技术指标（mm）		
	优等品	一等品	合格品
$L \leq 400$	0.30	0.50	0.80
$L > 400$	0.40	0.60	1.00

⑤外观质量。同一批板材的色调应基本调和。花纹应基本一致。板材正面的外观缺陷应符合表 3-75 的规定，毛光板外观缺陷不包括缺棱和缺角。

板材正面的外观缺陷　　　　　　　　表 3-75

缺陷名称	规 定 内 容	技术指标		
		优等品	一等品	合格品
缺棱	长度≤10mm，宽度≤1.2mm（长度＜5mm，宽度＜1.0mm不计），周边每米长允许个数（个）	0	1	2
缺角	沿板材边长，长度≤3mm，宽度≤3mm（长度≤2mm，宽度≤2mm不计）每块板允许个数（个）			
裂纹	长度不超过两端顺延至板边总长度的 1/10（长度＜20mm不计）每块板允许条数（条）			
色斑	面积≤15mm×30mm（面积＜10mm×10mm不计），每块板允许个数（个）		2	3
色线	长度不超过两端延顺至板边总长度的 1/10（长度＜40mm不计），每块板允许条数（条）			

注：干挂板材不允许有裂纹存在。

⑥物理性能。天然花岗石建筑板材的物理性能应符合表 3-76 的规定；工程对石材物理性能项目及指标有特殊要求的，按工程要求执行。

天然花岗石建筑板材的物理性能　　　　　　　　表 3-76

项　　　目		技 术 指 标	
		一般用途	功能用途
体积密度（g/cm³）　≥		2.56	2.56
吸水率（%）　≤		0.60	0.40
压缩强度（MPa）　≥	干燥	100	131
	水饱和		
弯曲强度（MPa）　≥	干燥	8.0	8.3
	水饱和		
耐磨性[a]（1/cm³）　≥		25	25

注：[a] 使用在地面、楼梯踏步、台面等严重踩踏或磨损部位的花岗石石材应检验此项。

(4) 人造石材

人造石材是以大理石、花岗石碎料、石英砂、石渣等为骨料，树脂或水泥等为胶结料，经拌和、成型、聚合或养护后，研磨抛光、切割而成。

1) 规格尺寸允许公差应符合表 3-77 的规定。平面度允许偏差应符合表 3-78 的规定。角度允许偏差应符合表 3-79 的规定。

3.4 材料的验收管理

规格尺寸允许偏差　　　　　　　　　　　　　　表 3-77

产品名称	公差（mm）		
	长	宽	厚
树脂型单面磨光板材	−1～0	−1～0	±1.5
水泥型单面磨光板材	−1.2～0	−1.2～0	±1.5

平面度允许偏差　　　　　　　　　　　　　　表 3-78

板材长度范围（mm）	最大偏差值（mm）	板材长度范围（mm）	最大偏差值（mm）
<400	0.5	≥800	1.0
≥400	0.8	≥1000	1.2

角度允许偏差　　　　　　　　　　　　　　表 3-79

正方形和矩形板材长度范围（mm）	最大偏差值（mm）
<400	0.4
≥400	0.6

2）外观质量。一块板棱角缺陷应符合表 3-80 的规定。其他外观质量应符合表 3-81 规定。

棱 角 缺 陷　　　　　　　　　　　　　　表 3-80

缺陷部位	不允许的缺陷范围（长×宽之积）（mm）	
	树脂型	水泥型
正面棱	3×6 之积	5×6 之积
正面角	4×4 之积	5×6 之积
底面棱角	20×15 之积	30×20 之积
正面棱角深度	>板材厚度的 1/4	>板材厚度的 1/4

注：板材安装后被遮盖部位的棱角缺陷不得超过被遮盖部位的 1/2。

其他外观质量　　　　　　　　　　　　　　表 3-81

序号	缺陷名称	技 术 要 求
1	砂眼	板材磨光面不得带有直径超过 2mm 的明显砂眼
2	划痕	板材磨光面在自然光下，距 1.5m 目测不允许有明显划痕
3	裂纹	板材磨光面不允许有裂纹，不包括石粒自身裂纹，底面裂纹不允许超过其顺延方向长度的 1/4
4	粘结与修补	人造石板材允许粘结修补，粘结或修补后正面不得有明显痕迹，颜色应与正面花色近似，不影响装饰质量和物理性能

3）色调与花纹。以 500m^2 为一验收批，应达到色调基本调和，不得与标准板的颜色和特征有明显差异。非标规格配套工程产品每一部位色调深浅应逐步过渡，花纹特征基本调和，不得有突然变化。

4）人造石材的物理性能指标应符合表 3-82 的规定。

3 材料采购与验收管理

人造石材物理性能指标 表 3-82

项目		技术指标			
		树脂型		水泥型	
		方料法、压板法细骨料	方料法粗骨料	细骨料	粗骨料
体积密度（g/cm^3）	≥	2.5	2.5	2.5	2.5
吸水率（%）	≤	0.2	0.3	4.0	3.5
抗冲击强度（cm）	≥	40	40	30	30
抗折强度（MPa） ≥	干态	16	10	7.5	7.5
	湿态	18	12	7.5	7.5
抗压强度（MPa） ≥	干态	90	80	70	70
	湿态	95	85	75	75
磨损度（g/cm^2）	<	7×10^{-3}		20×10^{-3}	
莫氏硬度	≥	3			
线性热膨胀（1/℃）	≤	$1.9\pm0.1\times10^{-5}$			

(5) 超薄石材复合板

超薄石材复合板由两种及以上不同板材用胶粘剂粘接而成。面材为天然石材，基材为瓷砖、石材、玻璃或铝蜂窝等。大理石与瓷砖、花岗岩、铝蜂窝板等复合后，其抗弯、抗折、抗剪切的强度明显得到提高，大大降低了运输、安装、使用过程中的破损率。在安装过程中，无论重量、易破碎（强度等）或分色拼接都大大提高了安装效率和安全，同时也降低了安装成本。

1) 普型板规格尺寸允许偏差应符合表 3-83 规定。圆弧板壁厚最小值应不小于 20mm，规格尺寸允许偏差应符合表 3-84 的规定。面材最小厚度允许偏差为 +0.5mm~-0.5mm。圆弧板面材最小厚度允许偏差由供需双方协商确定。

普型板规格尺寸允许偏差 表 3-83

项目	镜面和亚光面板材（mm）			粗面板材（mm）		
	优等品	一等品	合格品	优等品	一等品	合格品
长度、宽度	0 -1.0	0 -1.0	0 -1.5	0 -1.0	0 -1.0	0 -1.5
厚度	+1.0 -1.0	+1.5 -1.5	+1.5 -1.0	+1.5 -1.0	+2.0 -1.5	

圆弧板规格尺寸允许偏差 表 3-84

项目	镜面和细面板材（mm）			粗面板材（mm）		
	优等品	一等品	合格品	优等品	一等品	合格品
弦长	0	0	0	0	0	0
高度	-1.0	-1.5	-1.5			-2.0

2) 普型板平面度允许公差应符合表 3-85 规定。圆弧板直线度与线轮廓度允许公差应

3.4 材料的验收管理

符合表 3-86 规定。

普型板平面度允许公差   表 3-85

板材长度	镜面和亚光面板材（mm）			粗面板材（mm）		
	优等品	一等品	合格品	优等品	一等品	合格品
≤400	0.30	0.40	0.50	0.40	0.50	0.60
>400~≤800	0.60	0.70	0.80	0.70	0.80	0.90
>800	0.80	0.90	1.00	0.90	1.00	1.10

圆弧板直线度与线轮廓度允许公差   表 3-86

板材长度		镜面和亚光面板材（mm）			粗面板材（mm）		
		优等品	一等品	合格品	优等品	一等品	合格品
直线度（按板材高度）(mm)	≤600	0.70	0.90	1.10	0.80	1.00	1.20
	>600	0.90	1.00	1.30	1.00	1.20	1.40
线轮廓度		0.80	1.00	1.20	1.00	1.20	1.40

3）普型板角度允许公差应符合表 3-87 规定。圆弧板角度允许公差应符合表 3-88 的规定。

普型板角度允许公差   表 3-87

板材长度（mm）	镜面和亚光面板材（mm）			粗面板材（mm）		
	优等品	一等品	合格品	优等品	一等品	合格品
≤400	0.30	0.50	0.80	0.40	0.60	0.90
>400	0.40	0.60	1.00	0.50	0.70	1.00

圆弧板角度允许公差   表 3-88

镜面和亚光面板材（mm）			粗面板材（mm）		
优等品	一等品	合格品	优等品	一等品	合格品
0.50	0.60	0.80	0.60	0.70	1.00

4）物理性能。硬质基材复合板物理性能技术指标应符合表 3-89 的规定。基材为铝蜂窝的复合板物理性能技术指标应符合表 3-90 的规定。

硬质基材复合板物理性能   表 3-89

序号	项目		技术指标
1	抗折强度（MPa） ≥	干燥	7.0
		水饱和	7.0
2	弹性模量（MPa） ≥	干燥	10.0
3	剪切强度（MPa） ≥	标准状态	4.0
		热处理 80℃（168h）	4.0
		浸水（168h）	3.2
		冻融循环 25 次	2.8
4	落球冲击强度（300mm）		表面不得出现裂纹、凹陷、掉角
5	耐磨度（1/m³）		≥10（面材为天然大理石）
			≥25（面材为天然花岗石）

铝蜂窝板材复合板物理性能 表3-90

序号	项目			技术指标
1	抗折强度（MPa）	≥	干燥	7.0（面材向下）
				18.0（面材向上）
2	弹性模量（MPa）	≥	干燥	1.5（面材向下）
				3.0（面材向上）
3	剪切强度（MPa）	≥	标准状态	1.0
			热处理80℃（168h）	1.0
			浸水（168h）	0.8
			冻融循环25次	0.7
4	落球冲击强度（300mm）			表面不得出现裂纹、凹陷、掉角
5	耐磨度（1/m³）			≥10（面材为天然大理石）
				≥25（面材为天然花岗石）

（6）石材的质量验收要点

1）天然石材：天然石材的优劣取决于荒料的品质和加工工艺。优质的石材表面，不含太多的杂色，布色均匀，没有忽浓忽淡的情况，而次质的石材经加工后会有很多无法弥盖的缺陷，因此，石材表面的花纹色调是评价石材质量优劣的重要指标。如果加工技术和工艺不过关，加工后的成品就会出现翘曲、凹陷、色斑、污点、缺棱掉角、裂纹、色线、坑窝等现象，优质的天然石材，应该是板材切割边整齐无缺角、面光洁、亮度高，用手摸没有粗糙感。工程上采购天然石材时应注意以上几点，其次还应注意石材背面是否有网络，出现这种情况有以下两种：

①石材本身较脆，必须加网络。

②偷工减料，这些石材的厚度被削薄了，强度不够，所以加了网络，一般颜色较深的石材如果有网络，多数是这个因素。

天然石材应根据不同的部位使用不同的石材，在室内装修中，电视机台面、窗台台面、室内地面等适合使用大理石。而门槛、厨柜台面、室外地面、外墙适合使用花岗石。按不同使用部位确定放射性A、B、C类，应查看检验报告，并且应该注意检验报告的日期，由于同一品种的石材因矿点、矿层、产地的不同其放射性都存在很大的差异，所以在选择和使用石材时，不能只看一份检验报告，应分批或分阶段多次检测。

2）人造石材：人造石材在选择时应注意以下几个方面：

①看表面。优质产品打磨抛光后表面晶莹光亮，色泽纯正，用手抚摸有天然石材的质感，无毛细孔；劣质产品表面性发暗，光洁度差，颜色不纯，用手抚摸有毛细孔（对着光线45°角斜视，像针眼一样的气孔）。

②优质产品具有较强的硬度和机械强度，用最尖锐的硬质塑料划其表面不会留下划伤，劣质产品质地较软，较容易划伤，而且容易变形。

③优质产品容易打磨,加工开料时,劣质产品发出刺鼻的味道。

④把一块人造石材使劲往水泥地上摔,劣质的人造石材将会摔成粉碎性的很多小块;优质的人造石材顶多摔成两三块,若用力不够还能从地上弹起。

⑤取一块细长的人造石材小条,放在火上烧,劣质人造石材很容易燃烧,且燃烧得很旺;优质人造石材除非加上助燃的物质,而且能自动熄灭。

石材进入现场后应进行复检,天然石材同一品种、类别、等级的板材为一批;人造石材同一配方、同一规格和同一工艺参数的产品每200块为一批,不足200块以一批计。

4 材料供应与运输管理

4.1 材料供应与运输基础知识

4.1.1 材料供应的概念与特点

1. 材料供应的概念

材料供应是指及时、配套、按质按量地为建筑企业施工生产提供材料的经济活动。材料供应是保证施工生产顺利进行的重要环节,可以有效保证材料的合理使用,避免浪费现象,改进施工技术,加速资金周转,实现生产计划和项目投资效益。

2. 材料供应的特点

建筑企业与一般工业企业不同,它具有独特的生产和经营方式。建筑产品形体大,并且由若干分部分项工程组成,直接建造在土地上,每一产品都有特定的使用方向。这就决定了建筑产品生产的许多特点,如流动性施工、露天操作、多工种混合作业等。这些特点也决定了建筑施工企业材料供应的特殊性和复杂性,见表4-1。

材料供应的特点　　　　表 4-1

序号	特　点	内　　容
1	建筑产品固定,施工生产流动,材料供应管理具有特异性	建筑产品的固定性、施工生产的流动性,决定了材料供应管理必须随生产转移。每一次转移必然形成一套新的供应、运输、储存工作。建筑用料既有大宗材料,又有零星材料,来源复杂。再加上每一产品功能不同,施工工艺不同,施工管理体制不同,一般工程中,常用的材料品种均有上千种,若细分到规格,可达上万种。在材料供应管理过程中,要根据施工进度要求,按照各部位、各分项工程、各操作内容供应上万种规格的材料,就形成了材料部门日常大量的复杂的业务工作
2	用量多、质量大,需要大量的运力	建筑产品形体大使得材料需用数量大、品种规格多,因而运输量大。材料的运输、验收、保管、发放工作量大,要求材料人员具有较宽的知识面,了解各种材料的性能特点、功用和保管方法。我国货物运输的主要方式是铁路运输,全国铁路运输中近1/4是运输建筑施工所用的各种材料,部分材料的价格组成因素中甚至大部分是运输费用。因此,建筑企业中的材料供应涉及各行各业,部门广、内容多、工作量大,形成了材料供应管理的复杂性
3	材料供应必须满足需求多样性的要求	建设项目是由多个分项工程组成的,每个分项工程都有各自的生产特点和材料需求特点。要求材料供应管理能按施工部位预计材料需求品种、规格进行备料,按照施工程序分期分批组织材料进场,以满足需求的多样性,保证施工进度
4	受气候和季节的影响大	施工操作的露天作业,最易受时间和季节的影响,由此形成了某种材料的季节性消耗和阶段性消耗,形成了材料供应不均衡的特点。要求材料供应管理有科学的预测、严密的计划和措施

4.1 材料供应与运输基础知识

续表

序号	特 点	内 容
5	材料供应受社会经济状况影响较大	资源、价格、供求及与其紧密相关的投资金额、利税因素，都随时影响着材料供应工作。一定时期内基本建设投资回升，必然带来建筑施工项目增加、材料需求旺盛、市场资源相对趋紧、价格上扬，材料供需矛盾突出；反之，压缩基本建设投资或调整生产资料价格或国家税收、贷款政策的变化，都可能带来材料市场的疲软，材料需求相对弱小，材料供应松动。另外，要防止盲目采购、盲目储备而造成经济损失
6	施工中各种因素多变	如设计变更、施工任务调整或其他因素变化，必然带来材料需求变化，使材料供应数量、规格变更频繁，极易造成材料积压、资金超占，也易造成断供，影响生产进度。为适应这些变化，材料供应部门必须具有较强的应变能力，并保证材料供应有可调余地，这就增加了材料供应管理的难度
7	对材料供应工作要求高，对材料的质量要求也高	为保证建筑工程的质量和工程的进度，对材料供应提出了严格的要求。供应的材料必须保证数量、质量及各项技术指标，并通过严格的验收、测试，保证施工部位的质量要求。建筑产品是科学技术和艺术水平的综合体现，其施工中的专业性、配套性，都对材料供应管理提出了较高要求。建筑产品的质量影响着建筑产品功能的发挥，建筑产品的生产是本着"百年大计、质量第一"的原则进行的

建筑企业材料供应除具有上述特点外，还因企业管理水平、施工管理体制、施工队伍和材料人员素质不同而形成不同的供求特点。因此，应充分了解这些因素，掌握变化规律，主动、有效地实施材料供应管理，保证施工生产的用料需求。

4.1.2 材料供应管理的原则

材料供应管理的原则见表4-2。

材料供应管理的原则 表4-2

序号	原 则	内 容
1	有利生产、方便施工的原则	材料供应工作要为施工生产服务，想生产所想，急生产所急，送生产所需。深入到生产第一线去，既为生产需用积极寻找短线急需材料，又要努力利用长线积压材料，千方百计为生产服务，当好生产建设的后勤，建立和健全材料供应制度与方法
2	统筹兼顾、综合平衡、保证重点、兼顾一般的原则	建筑业在材料供应中经常出现供需脱节，品种、规格不配套等各种矛盾，往往使供应工作处于被动应付局面，因此要从全局出发，对各工程项目的需用情况统筹兼顾、综合平衡，搞好合理调度。同时要深入基层，切实掌握施工生产进度、资源情况和供货时间，分清主次和轻重缓急，保证重点，兼顾一般，把有限的物资用到最需要的地方去
3	加强横向经济联系的原则	由于施工企业自行组织配套的材料范围较大，因此需要加强对各种材料资源渠道的联合，切实掌握市场信息，合理组织配套供应，保证工程需要
4	坚持勤俭节约的原则	在材料供应管理中，要"管供、管用、管节约"。采取各种有效的经济管理措施，降低消耗。在保证供应的前提下，做到优材精用、废材利用、缺材代用，搞好修旧利废和综合回收利用等节约措施，提高经济效益

4.1.3 材料供应管理的任务

建筑企业材料供应工作的基本任务主要有：围绕施工生产这个中心环节，按质、按量、按品种、按时间、成套齐备，经济合理地供应企业所需的各种材料，通过有效的组织形式和科学的管理方法，充分发挥材料的最大效用，以较少的材料占用和劳动消耗，完成更多的供应任务，获得最佳的经济效果。其具体任务主要应包括表4-3中的几点。

材料供应管理的任务　　　　　　表4-3

序号	任　务	内　　容
1	编制材料供应计划	供应计划是组织各项材料供应业务协调展开的指导性文件，编制材料供应计划是材料供应工作的首要环节。为提高供应计划的质量，必须掌握施工生产和材料资源情况，运用综合平衡的方法，使施工需求和材料资源衔接起来，同时发挥指挥、协调等职能，切实保证计划的实施
2	组织资源	组织资源是为保证供应、满足需求创造充分的物质条件，是材料供应工作的中心环节。搞好资源的组织，必须掌握各种材料的供应渠道和市场信息，根据国家政策、法规和企业的供应计划，办理订货、采购、加工、开发等项业务，为施工生产提供物质保证
3	组织材料运输	运输是实现材料供应的必要环节和手段，只有通过运输才能把组织到的材料资源运到工地，从而满足施工生产的需要。根据材料供应目标要求，材料运输必须体现快速、安全、节约的原则，正确选择运输方式，实现合理运输
4	材料储备	由于材料供求之间存在着时间差，为保证材料供应必须适当储备，否则，易造成生产中断、材料积压。材料储备必须适当、合理，掌握施工需求，了解社会资源，采用科学的方法确定各种材料储备量，以保证材料供应的连续性
5	平衡调度	施工生产和社会资源是在不断地变动的，经常会出现新的矛盾，这就要求我们及时地组织新的供求平衡，才能保证施工生产的顺利进行。平衡调度是实现材料供应的重要手段，企业要建立材料供应指挥调度体系，掌握动态，排除障碍，完成供应任务
6	选择供料方式	合理选择供料方式是材料供应工作的重要环节，通过一定的供料方式可以快速、高效、经济合理地将材料供应到需用单位。选择供料方式时必须体现减少环节、方便用户、节省费用和提高效率的原则
7	材料供应的分析和考核	在会计核算、业务核算和统计核算的基础上，运用定量分析的方法，对企业材料供应的经济效果进行评价。分析和考核必须建立在真实数据的基础上，建立在各方面各环节分析、考核的基础上，对企业材料供应做出总体评价

4.1.4 材料运输管理的作用与任务

材料运输是指材料借助运力来实现从生产地或储存地向消费地转移，从而满足各工地的需要，保证生产顺利进行的活动。材料运输是材料供应工作的一个组成部分，是生产和消费之间经济联系的桥梁，是材料管理工作中的重要环节。

1. 材料运输管理的作用

材料运输管理，是对材料运输过程运用计划、组织、指挥和调节等职能进行管理，使材料运输合理化。材料运输管理的重要作用主要表现在以下几方面。

（1）加强材料运输管理。合理组织运输可缩短材料运输里程，减少材料在途时间，加快材料运输速度与周转速度，以提高材料的使用率。

（2）加强材料运输管理。加强材料运输管理是保证材料供应，促使施工顺利进行的先决条件，可加快材料运输迅速、合理地完成空间转移，以保证施工的顺利进行。

（3）加强材料运输管理。合理选用运输方式，充分合理地使用运输工具，可节省运力，减少运输损耗，并提高运输经济效益。

2. 材料运输管理的任务

材料运输管理的基本任务是：根据经济规律与合理运输材料的基本原则，对材料运输过程进行计划、指挥、组织、监督与调节，以争取用较少的里程、较短的时间、较低的费用、最安全的措施，完成材料在空间的转移，保证工程需要。

为实现上述基本任务，应做到以下几点：

（1）按"及时、准确、安全、经济"的原则组织运输

1）及时。及时是指在较短的时间内把材料从产地运到施工、用料地点，及时的供应使用。

2）准确。准确是指材料在整个运输过程中，要防止发生各种差错事故，做到不错、不差、不乱、准确无误地完成运输任务。

3）安全。安全即保证材料在运输过程中数量无缺，质量完好，不发生变质、受潮、残损、丢失、爆炸及燃烧事故，保证人员、材料及车辆等安全。

4）经济。经济即经济合理地选择运输路线与运输工具，充分利用运输设备，降低运输费用。

"及时、准确、安全、经济"这四个原则是互相关联、辩证统一的关系，在组织材料运输时，要全面考虑，不要顾此失彼。只有正确全面地执行这四原则，才能完成材料运输任务。

（2）加强材料运输的计划管理

做好货源、流向、现场道路、运输路线、堆放场地等的调查与布置工作，会同有关部门编好材料运输计划，认真组织好材料发运、接收以及必要的中转业务，作好装卸配合，使材料运输工作能够在计划指导下协调进行。

（3）建立、健全以岗位责任制为中心的运输管理制度

确定运输工作人员的职责范围，加强经济核算，提高材料运输管理水平。

4.2 材料供应管理的内容

4.2.1 编制材料供应计划

材料供应计划与其他计划有着密切的联系。材料供应计划要依据施工生产计划的任务和要求来计算和编制，反过来它又为施工生产计划的实现提供有力的材料保证；在成本计划中，确定成本降低指标时，材料消耗定额和材料需用量是必须考虑的因素，在编制供应计划时，则应正确了解材料节约量、代用品以及综合利用等情况来保证成本计划的完成；

在财务计划中，材料储备定额是核定企业流动资金的依据，在编制供应计划时，就必须考虑到加速资金周转的要求；因此，正确地编制材料供应计划，不仅是建筑企业有计划地组织生产的客观要求，而且是整个建筑企业运营的要求。

4.2.2 材料供应计划的实施

材料供应计划确定以后，就应对外分渠道落实货源，对内组织计划供应来保证计划的实现。在计划执行过程中，影响计划的执行因素有多种，会出现许多不平衡的现象。因此，在材料供应计划编制后，所以还要注意在落实计划中组织平衡调度，其主要有以下几类方式：

1. 会议平衡

月度（或季度）供应计划编制后，供应部门（或供应机构）召开材料平衡会议，由供应部门向用料单位说明计划期材料到货及各单位需用的总情况，并说明施工进度及工程性质，结合内外资源，分轻重缓急。在保重点工程、保竣工扫尾的原则下，先重点、再一般，最后具体宣布对各单位的材料供应量，平衡会议通常自上而下召开，逐级平衡。

2. 重点工程专项平衡

对列为重点工程的项目，由公司主持召开会议，专项研究组织落实计划，拟订措施，务必保证重点工程能够顺利进行。

3. 巡回平衡

为协助各单位工程解决供需矛盾，通常在季（月）度供应计划的基础上，组织服务队定期到各施工点巡回服务，务必掌握第一手资料来做好计划落实工作，确保施工任务的完成。

4. 与建设单位协作配合搞好平衡

属于建设单位供应的材料，建筑企业要主动、积极地与建设单位交流供需信息，避免因脱节而影响施工。

5. 竣工前的平衡

在单位工程竣工前细致地分析供应工作情况，逐项落实材料供应的品种、规格、数量和时间，确保工程按期竣工。

4.2.3 材料供应情况的分析与考核

对供应计划的执行情况作经常的检查分析，发现执行过程中的问题，采取对策以保证计划实现。检查的方法主要包括经常检查与定期检查两种。经常检查是在计划执行期间，随时对计划作检查，如发现问题，并及时进行纠正。定期检查如月度、季度及年度检查。

经常检查，即在计划执行期间，随时对计划进行检查，发现问题，及时纠正。定期检查如月度、季度和年度计划的执行情况。检查的内容主要有以下几个方面。

1. 材料供应计划完成情况的分析

（1）分析要点

将某种材料（或某类材料）实际供应数量与计划供应数量比较，可考核某种或某类材料计划完成程度与完成效果。可按式（4-1）计算：

$$\text{某种（类）材料供应计划完成率（\%）} = \frac{\text{某种（类）材料实际供应数量（金额）}}{\text{该种（类）材料计划供应数量（金额）}} \times 100\% \tag{4-1}$$

考核某种材料供应计划完成情况时，如实物量计量单位一致，可使用实物数量指标；考核某类材料供应计划完成情况时，实物量计量单位如有差异，可使用金额指标。

考核材料供应计划完成率是从整体上考核材料供应完成情况，而具体品种规格，尤其是对未完成材料供应计划的材料品种，对其进行品种配套供应考核是非常必要的。

$$\text{材料供应品种配套率（\%）} = \frac{\text{实际满足供应的品种数}}{\text{计划供应品种数}} \times 100\% \tag{4-2}$$

（2）分析实例

【例 4-1】 某工程处第三季度地方材料供应计划完成情况如表 4-4 所示。试分析材料供应是否会影响施工生产计划的完成。

材料供应计划完成情况 表 4-4

材料名称及规格		计量单位	计划供应量	实际进货量	完成计划（%）
砖		千块	2000	1500	75.0
石灰		t	450	400	88.9
细砂		m³	3000	4000	133.3
石子	总计	m³	3500	5000	142.9
	0.5~1.5cm	m³	1500	1000	66.7
	2.0~4.0cm	m³	1100	2200	200.0
	3.0~7.0cm	m³	900	1800	200.0

【解】

从表 4-4 可以看出：

（1）砖实际完成计划的 75.0%，与原计划供应量差距颇大，储备不足，将影响施工生产计划的完成。

（2）石灰只完成计划的 88.9%，石灰在主体工程和装饰工程中都是必需的材料，完不成供应计划，必将影响主体和收尾工程的完成。

（3）石子总量实际完成计划的 142.9%，超额颇多。但是，其中 0.5~1.5cm 的石子只完成计划的 66.7%，供应不足，混凝土构件的浇筑将受到影响。

（4）从品种配套情况看，6 种材料中就有 3 种没有完成供应计划，配套率只有 50.0%。

$$\text{材料供应品种配套率} = \frac{\text{实际满足供应的品种数}}{\text{计划供应品种数}} \times 100\% = \frac{3}{6} \times 100\% = 50.0\%$$

这样的配套不但影响施工的进行，而且使已进场的其他材料形成呆滞，影响资金的周转使用。要认真查找这三种材料完不成计划的原因，采取相应的措施，力争按计划配套供应。

2. 对材料供应的及时性分析

（1）分析要点

在检查考核材料收入总量计划的执行情况时，还会有收入总量的计划完成情况较好的情况发现，但实际上施工现场却出现停工待料的现象。也就是收入总量充分，但供应时间不及时，同样会影响施工生产的正常进行。

分析考核材料供应的及时性，要把时间、数量、平均每天需用量和期初库存等资料联系起来考察。

(2) 分析实例

【例 4-2】 已知见表 4-5 中 42.5（P.O）水泥完成量为 110%，从总量上看满足了施工生产的需要值，时间上看，供料不及时，几乎大部分水泥的供应时间集中于月中和月末，影响上半月施工生产的顺利进行。

某单位 8 月份 42.5（P.O）水泥供应及时性考核（单位：kg）　　　　表 4-5

进货批数	计划需用量		其月库存储量	计划收入		实际收入		完成计划（%）	对生产保证程度		延误	
	本月	平均每日用量		日期	数量	日期	数量		按日数计	按数量计	时间	适量
	39000	1500	3000						2	3000		
第一批				1	8000	5	4500		3	4500	4	3500
第二批				7	8000	14	10500		7	10500	7	
第三批				13	8000	19	12000		8	12000	6	
第四批				19	8000	27	15900		3	4500	8	
第五批				25	7000							
总计	39000						42900	110	23	34500		

注：在计算全月工作天数时，通常以当月的日历天数扣除星期日休假天数计算，8 月份日历天数为 31 天，设 8 月 2 日为星期天，则全月共占 10 个休假日。

3. 对供应材料的消耗情况分析

按施工生产验收的工程量，考核材料供应量是否全部消耗，分析其所供材料是否适用，来指导下一步材料供应并处理好遗留问题。

$$材料剩余量＝实际供应量－实际消耗量 \tag{4-3}$$

实际供应量为材料供应部门按项目申请计划所确定的数量而供应项目的数量；实际消耗量为根据班组领料、退料、剩料及验收完成的工程量统计的材料数量。

4.3 材料供应方式

4.3.1 材料供应方式

1. 直达供应和中转供应方式

直达供应和中转供应方式的定义和特点见表 4-6。

4.3 材料供应方式

直达供应和中转供应方式的定义和特点　　　　表4-6

序号	供应方式	定　义	特　点	备　注
1	直达供应方式	直达供应方式是指由生产企业直接供应给需用单位材料，而不经过第三方	(1) 降低了材料流通费用和材料途耗，加速了材料周转（减少了中间环节，缩短了材料流通时间，减少了材料装卸、搬运次数，节省了人力、物力和财力支出）； (2) 由于供需双方的经济往来是直接进的，可以加强双方的相互了解和协作，促进生产企业按需生产，并能及时反馈有关产品质量信息，有利于生产企业提高产品质量生产适销对路产品	通常采用直达供应方式进行大宗材料和专用材料供应，工作效率高，流通效益好
2	中转供应方式	中转供应方式是指生产企业供给需要单位材料时，由第三方衔接	(1) 可以减少材料生产企业的销售工作量，同时也可以减少需用单位的订购工作量； (2) 中转供应可以使需用单位就地就近组织订货，加速资金周转，降低库存储备； (3) 中转供应使处于流通领域的材料供销机构起到"集零为整"和"化整为零"的作用	这种方式适用于消耗量小、通用性强、品种规格复杂、需求可变性较大的材料。它虽然增加了流通环节，但从保证配套、提高采购工作效率和就地就近采购看，也是一种不可少的材料供应方式

2. 发包方供应方式

发包方供应方式是指建设项目开发部门或项目业主供给需用单位建设项目实施材料，发包方负责项目所需资金的筹集和资源组织，按照建筑企业编制的施工图预算负责材料的采购供应。施工企业只负责施工中材料的消耗及耗用核算。

发包方供应方式要求施工企业必须按生产进度和施工要求及时提出准确的材料计划。为确保施工生产的顺利进行，发包方应根据计划按时、按质、按量，配套地供应材料。

3. 承包方供应方式

承包方供应方式是由建筑企业根据生产特点和进度要求，负责材料的采购和供应。

承包方供应方式可以按照生产特点和进度要求组织进料，可以在所建项目之间进行材料的集中加工，综合配套供应，可以合理调配劳动力和材料资源，从而保证项目建设速度。承包方供应还可以根据各项目要求从生产厂大批量集中采购而形成批量优势，采取直达供应方式，减少流通环节，降低流通费用支出。这种供应方式下的材料采购、供应、使用的成本核算，由承包方承担，这样必然有助于承包方加强材料管理，采取措施，节约使用材料。

4. 承发包双方联合供应方式

承发包双方联合供应方式是指建设项目开发部门或建设项目业主和施工企业，根据合同约定的各自材料采购供应范围，实施材料供应。由于是承发包双方联合完成一个项目的材料供应，因此在项目开工前必须就材料供应中具体问题作明确分工，并签订材料供应合同。在合同中应明确的内容主要有表4-7中的几点。

合同中应明确的内容 表4-7

序 号	内 容
1	供应范围
2	供应材料的交接方式
3	材料采购、供应、保管、运输、取费及有关费用的计取方式
4	材料供应中可能出现的其他问题

承发包双方联合供应方式，在目前是一种较普遍的供应方式。这种方式一方面可以充分利用发包方的资金优势、采购渠道优势，又能使施工企业发挥其主动性和灵活性，提高投资效益。但这种方式易出现采购供应中可能发生的交叉因素所带来的责任不清，因此必须有有效的材料供应合同作保证。

承发包双方联合供应方式，通常由发包方负责主要材料、装饰材料和设备，承包方负责其他材料的分工形式为多；也有所有材料以一方为主，另一方为辅的分工形式。建筑企业在进行材料供应分工的谈判前，必须确定材料供应必保目标和争取目标，为建设项目的顺利施工和完成打好基础。

4.3.2 材料供应的数量控制方式

按照材料供应中对数量控制的方式不同，材料供应有限额供应和敞开供应两种方式。

1. 限额供应

限额供应，也称定额供应，就是根据计划期内施工生产任务和材料消耗定额及技术节约措施等因素，确定的供应材料数量标准。材料部门以此作为供应的限制数量，施工操作部门在限额内使用材料。

限额供应可以分为定期和不定期两种，既可按旬、按月、按季限额，也可按部位、按分期工程限额，而不论其限额时间长短、限额数量可以一次供应就位，也可分批供应，但供应累计总量不得超过限额数量。限额的限制方法可以采取凭票、凭证方法，按时间或部位分别计账，分别核算。凡在施工中材料耗用已达到限额而未完成相应工程量，需超限额使用时，必须经过申请和批准，并记入超耗账目。

2. 敞开供应

根据资源和需求供应，对供应数量不作限制，不下指标，材料耗用部门随用随要供应的方法即为敞开供应。

这种方式对施工生产部门来说灵活方便，可减少现场材料管理的工作量，而使施工部门集中精力搞生产。但实行这种供应方式的材料，必须是资源比较丰富，材料采购供应效率高，而且供应部门必须保持适量的库存。敞开供应容易造成用料失控，材料利用率下降，从而加大成本。故这种供应方式，通常用于抢险工程、突击性建设工程的材料需用。

4.3.3 材料的领用方式

按材料供应中实物到达方式不同将其分为领料供应方式和送料供应方式两种。

1. 领料供应方式

领料供应方式（也称为提料方式）是指由施工生产用料部门根据供应部门开出的提料

单或领料单,在规定的期限内到指定的仓库(堆栈)提(领)取材料。提取材料过程的运输由用料单位自行办理。

领料供应可使用料部门根据材料耗用情况和材料加工周期合理安排进料,避免现场材料堆放过多,造成保管困难。然而,容易造成材料供应部门和使用部门之间的脱节,供应应变能力差时,从而影响施工生产顺利进行。

2. 送料供应方式

送料供应是指由材料供应部门根据用料单位的申请计划,负责组织运输,将材料直接送到用料单位指定地点。送料供应要求材料供应部门做到供货数量、品种、质量与生产需要相一致,送货时间与施工生产进度相协调,送货的间隔期与生产进度的延续性相平衡。

送料制的实行有利于施工生产部门节省领料时间,能够集中精力搞好生产,促进生产发展,有利于密切供需关系,有利于加强材料消耗定额的管理,能够促进施工现场落实技术节约措施,实行送新收旧,有利于修旧利废。

4.3.4 影响供应方式选择的因素

选择合理供应方式的目的在于实现材料流通的合理化。选择合理的供应方式能使材料用最短的流通时间、最少的费用投入使用,加速材料和资金周转,加快生产过程。选择供应方式时,应考虑的主要因素见表4-8。

影响供应方式选择的因素　　　　　　　　表4-8

序号	因　素	内　　容
1	需用单位的生产规模	生产规模大,需用同种材料数量也大,适宜直达供应;生产规模小,需要同种材料数量相对也少,适宜中转供应
2	需用单位的生产特点	生产的阶段性和周期性往往产生阶段性和周期性的材料需用量较大,此时宜采取直达供应,反之可采取中转供应
3	材料的特性	专用材料,使用范围狭窄,以直达供应为宜;通用材料,使用范围广,当需用量不大时,以中转供应为宜。体大笨重的材料,如钢材、水泥、木材、煤炭等,以直达供应为宜;不宜多次装卸、搬运、储存条件要求较高的材料,如玻璃、化工原料等,以直达供应为宜;品种规格多,需求量不大的材料,如辅助材料、工具等,中转供应为宜
4	运输条件	运输条件的好坏,直接关系材料流通时间长短和费用多少。一次发货量不够整车的,一般不宜采用直达供应而采用中转供应为好。需用单位离铁路线较近或有铁路专用线和装卸机械设备等,宜采用直达供应;需用单位如果远离铁路线,不同运输方式的联运业务又未广泛推行的情况下,则宜采用中转供应
5	供销机构的情况	材料供销网点比较广泛和健全,离需用单位较近,库存材料的品种、规格比较齐全,能满足需用单位要求,服务比较周到,中转供应比重就会增加
6	生产企业的订货限额和发货限额	订货限额是生产企业接受订货的最低数量,一般用量较小,订货限额也较低。发货限额通常是以一个整车装载量为标准,采用集装箱时,则以一个集装箱的装载量为标准。某些普遍用量较小的材料和不便中转供应的材料,如危险材料、腐蚀性材料等,其发货限额可低于上述标准,订货限额和发货限额订得过高,会影响直达供应的比重

4.4 材料定额供应方法

定额供应、包干使用，是在实行限额领料的基础上，通过建立经济责任制，签订材料定包合同，达到合理使用材料和提高经济效益的目的的一种管理方法。定额供应、包干使用的基础是限额领料。限额领料方法要求施工队组在施工时必须将材料的消耗量控制在该操作项目消耗定额之内。

定额供应、包干使用的管理方法，有利于建设项目加强材料核算，促进材料使用部门合理用料，降低材料成本，提高材料使用效果和经济效益。

4.4.1 限额领料的形式

1. 按分项工程限额领料

按分项工程限额领料是指按工程进度限额。以班组为对象，限额领料。例如按砌墙、抹灰、支模、混凝土、油漆等工种，以班组为对象实行限额领料。这种形式便于管理，特别是对班组专用材料，见效快。但容易使各工种班组从自身利益出发，较少考虑工种之间的衔接和配合，易出现某分项工程节约较多，而其他分项工程节约较少甚至超耗的现象。

2. 按工程部位限额领料

按工程部位限额领料是指按基础、结构、装饰等施工阶段，以施工队为责任单位进行限额供应。其优点是以施工队为对象增强了整体观念，有利于工种的配合和工序衔接，有利于调动各方面积极性。但这种做法往往重视容易节约的结构部位，而对容易发生超耗的装饰部位难以实施限额或影响限额效果。同时由于以施工队为对象，增加了限额领料的品种、规格、施工队内部如何进行控制和衔接，要求有良好的管理措施和手段。

3. 按单位工程限额领料

按单位工程限额领料是指一个工程从开工到竣工的用料实行限额。它是工程部位限额领料的扩大，适用于工期不太长的工程。其优点是可以提高项目独立核算能力，有利于产品最终效果的实现。同时各项费用捆在一起，从整体利益出发，有利于工程统筹安排，对缩短工期有明显效果。这种做法在工程面大、工期长、变化多、技术较复杂的工程使用，容易放松现场管理，造成混乱，因此必须加强组织领导，提高施工队的管理水平。

4.4.2 限额领料数量的确定

1. 限额领料数量的确定依据

限额领料数量确定的主要依据见表4-9。

限额领料数量的确定依据　　　　　表4-9

序号	确 定 依 据
1	正确的工程量是计算材料限额的基础。工程量是按工程施工图纸计算的，在正常情况下是一个确定的数量。但在实际施工中常有变更情况，例如设计变更，由于某种需要，修改工程原设计，工程量也就发生变更。又如施工中没有严格按图纸施工或违反操作规程引起工程量变化，像基础挖深挖大，混凝土量增加；墙体工程垂直度、平整度不符合标准，造成抹灰加厚等。因此，正确的工程量计算要重视工程量的变更，同时要注意完成工程量的验收，以求得正确的工程量，作为最后考核消耗的依据

4.4 材料定额供应方法

续表

序号	确定依据
2	定额的正确选用是计算材料限额的标准。选用定额时,先根据施工项目找出定额中相应的分章工种,根据分章工种查找相应的定额
3	凡实行技术节约措施的项目,一律采用技术节约措施新规定的单方用料量

2. 实行限额领料应具备的技术条件

实行限额领料应具备的技术条件见表4-10。

实行限额领料应具备的技术条件 表4-10

序号	技术条件	内容
1	设计概算	这是由设计单位根据初步设计图纸、概算定额及基建主管部门颁发的有关取费规定编制的工程费用文件
2	设计预算（施工图预算）	它是根据施工图设计要求计算的工程量、施工组织设计、现行工程预算定额及基建主管部门规定的有关取费标准进行计算和编制的单位或单项工程建设费用文件
3	施工组织设计	它是组织施工的总则,协调人力、物力,妥善搭配、划分流水段,搭接工序、操作工艺,以及现场平面布置图和节约措施,用以组织管理
4	施工预算	这是根据施工图计算的分项工程量,用施工定额水平反映完成一个单位工程所需费用的经济文件。主要包括三项内容: (1)工程量：按施工图和施工定额的口径规定计算的分项、分层、分段工程量； (2)人工数量：根据分项、分层、分段工程量及时间定额,计算出用工量,最后计算出单位工程总用工数和人工数； (3)材料限额耗用数量：根据分项、分层、分段工程量及施工定额中的材料消耗数量,计算出分项、分层、分段的材料需用量,然后汇总成为单位工程材料用量,并计算出单位工程材料费
5	施工任务书	它主要反映施工队组在计划期内所施工的工程项目、工程量及工程进度要求,是企业按照施工预算和施工作业计划,把生产任务具体落实到队组的一种形式。主要包括以下内容: (1)任务、工期、定额用工； (2)限额领料数量及料具基本要求； (3)按人逐日实行作业考勤； (4)质量、安全、协作工作范围等交底； (5)技术措施要求； (6)检查、验收、鉴定、质量评比及结算
6	技术节约措施	企业内部定额的材料消耗标准,是在一般的施工方法、技术条件下确定的,为了降低材料消耗,保证工程质量,必须采取技术节约措施,才能达到节约材料的目的
7	混凝土及砂浆的试配资料	定额中混凝土及砂浆的消耗标准是在标准的材质下确定的,而实施采用的材质往往与标准距离较大,为保证工程质量,必须根据进场的实际材料进行试配和试验。因此,计算混凝土及砂浆的定额用料数量,要根据试配合格后的用料消耗标准计算见表4-11、表4-12

4 材料供应与运输管理

续表

序号	技术条件	内　　容
8	有关的技术翻样资料	主要指门窗、五金、油漆、钢筋、铁件等。其中五金、油漆在施工定额中没有明确的式样、颜色和规格，这些问题需要和建设单位协商，根据图纸和当时的资料来确定。门窗也可根据图纸、资料，按有关的标准图集提出加工单。钢筋根据图纸和施工工艺的要求由技术部门提供加工单。所以，资料和技术翻样是确定限额领料的依据之一，见表4-13、表4-14、表4-15
9	补充定额	材料消耗定额的制定过程中可能存在遗漏，也有随着新工艺、新材料、新的管理方法的采用，原制定的不适用，因此使用中需要进行适当的修订和补充

混凝土配合比申请单　　　　　　　　　　表 4-11

编号：＿＿＿＿＿＿＿

委托单位：＿＿＿＿＿＿＿　　　工程名称：＿＿＿＿＿＿＿　　　施工部位：＿＿＿＿＿＿＿
设计的强度等级：＿＿＿＿＿　申请强度等级：＿＿＿＿＿　坍落度要求：＿＿＿＿＿
其他要求：＿＿＿＿＿＿＿＿＿＿＿＿＿＿＿＿＿＿＿＿＿＿
搅拌方法：＿＿＿＿＿＿＿　　振捣方法：＿＿＿＿＿＿＿　　养护方法：＿＿＿＿＿＿＿
水泥品种及标号：＿＿＿＿＿　厂别及牌号：＿＿＿＿＿　进场日期：＿＿＿＿＿　试验编号：＿＿＿＿＿
砂子产地及品种：＿＿＿＿＿　细度模数：＿＿＿＿＿　含泥量：＿＿＿＿＿　试验编号：＿＿＿＿＿
石子产地及品种：＿＿＿＿＿　最大粒径：＿＿＿＿＿　含泥量：＿＿＿＿＿　试验编号：＿＿＿＿＿
其他材料：＿＿＿＿＿＿＿＿＿＿＿＿＿＿＿＿＿＿
掺合料名称及掺量：＿＿＿＿＿＿＿＿　　外加剂名称及掺量：＿＿＿＿＿＿＿＿
申请日期：＿＿＿＿＿　使用日期：＿＿＿＿＿　申请负责人：＿＿＿＿＿　联系电话：＿＿＿＿＿

标号	水灰比	砂率（%）	水泥（kg）	水（kg）	砂（m³）	石（m³）	掺和料	配合比	试配编号

备注：

负责人：＿＿＿＿＿　审核：＿＿＿＿＿　计算：＿＿＿＿＿　实验：＿＿＿＿＿

4.4 材料定额供应方法

砂浆配合比申请表　　　　　　　　　　　　　　　　　　　　表 4-12

试验编号：_____

委托单位：_____　　工程名称：_____　　电话：_____
砂浆种类：_____　　等级：_____　　施工部位：_____
水泥品种及标号：_____　　厂别：_____　　进场日期：_____　　试验编号：_____
砂子产地：_____　　细度模数：_____　　含泥量：_____　　试验编号：_____
掺合料种类：_____　　申请日期：_____　　使用日期：_____　　申请人：_____

标号	配合比					每立方米砂浆的用量（kg、m³）				
	水泥	白灰膏	砂子	掺和料	外加剂	水泥	白灰膏	砂子	掺和料	外加剂

提要：_____
负责人：_____　　审核：_____　　计算：_____　　实验：_____
报告日期：　　年　　月　　日

加工申请表　　　　　　　　　　　　　　　　　　　　　　表 4-13

施工单位：_____
工程名称：_____　　　　年　　月　　日　　　　第　页　共　页

图集代号	产品名称	型号规格	单位	合计数量	分层数量								备注
					基础	一层	二层	三层	四层	五层	六层	七层	

申请单位：_____　　经办人：_____　　电话：_____　　制表：_____　　电话：_____

钢筋配料单   表 4-14

施工单位：_____
工程名称：_____   年 月 日   第 页 共 页

编号	规格(mm)	间距(cm)	钢筋形状(cm)	断料长度(cm)	每件根数	总根数	总长(m)	总重(kg)	备注

审核：   翻样：

钢筋配料单   表 4-15

施工单位：_____
工程名称：_____   年 月 日   第 页 共 页

编号	名称	单位	数量	说明	编号	名称	单位	数量	说明

附图：

审核：   制表：   年 月 日

3. 限额领料数量的计算

限额领料数量应按下式计算：

限额领料数量＝计划实物工程量×材料消耗施工定额－技术组织措施节约额   (4-4)

4. 限额领料数量计算实例

【例 4-3】 已知施工现场现浇 C30 混凝土 80m³ 时，其主要材料使用 52.5 级水泥，碎石和中粗砂粒径为 5～40mm，配合比为：水泥：黄砂：石子＝366：635：1178（kg/m³）。混凝土操作损耗率 1.5%，水泥、黄砂、石子的管理损耗率分别为 1.2%、1.3% 和 2.5%。

按以上条件计算水泥、黄砂、石子三种材料的限额领料数量。

4.4 材料定额供应方法

【解】
(1) 混凝土施工定额

$$1/(1-1.5\%)=1.015\text{m}^3$$

(2) 水泥限额领料数量

$$80\times1.015\times366=29719.2\text{kg}$$

(3) 黄砂限额领料数量

$$80\times1.015\times635=51562\text{kg}$$

(4) 石子限额领料数量

$$80\times1.015\times1178=95653.6\text{kg}$$

4.4.3 限额领料的程序

1. 限额领料单的签发

限额领料单的签发,由计划统计部门按施工预算的分部分项工程项目和工程量,负责编制班组作业计划,劳动定额员计算用工数量,材料定额员按照企业现行内部定额,扣除技术节约措施的节约量,计算限额用料数量,并注明用料要求及注意事项。

在签发过程中,要注意的问题是定额要选用准确,对于采取技术节约措施的项目应按实验室通知单上所列配合比单方用量加损耗签发。另外,装饰工程中如采用新型材料,定额中没有的项目一般采用的方法有:参照新材料的有关说明书,协同有关部门进行实际测定,套用相应项目的预算。

2. 限额领料单的下达

限额领料单一般一式五份,一份交计划员作存根;一份交材料保管员作发料凭证;一份交劳资部门;一份交材料定额员;一份交班组作为领料依据。限额领料单要注明质量等部门提出的要求,由工长向班组下达和交底,对于用量大的领料单应进行口头或书面交底。

用量大的领料单,一般指分部位承包下达的混合队领料单,如结构工程既有混凝土,又有砌砖及钢筋支模等,应根据月度工程进度,做出分层次分项目的材料用量,这样才便于控制用料及核算,起到限额用料的作用。

3. 限额领料单的应用

限额领料单的使用是保证限额领料实施和节约使用材料的重要步骤。班组料具员持限额领料单到指定仓库领料,材料保管员按领料单所限定的品种、规格以及数量发料,并作好分次领用记录。在领发过程中,双方办理领发料手续,填制领料单,注明用料的单位工程和班组,材料的品种、规格、数量以及领用日期,双方签字认证。做到仓库有人管,领料有凭证,用料有记录。

班组要按照用料的要求做到专料专用,不得串项,对领出的材料要妥善保管。同时,班组料具员要搞好班组用料核算,各种原因造成的超限额用料必须由工长出具借料单,材料人员可先借3日内的用料,并在3日内补办手续,不补办的停止发料,做到没有定额用料单不得领发料。

4. 限额领料单的检查

在限额领料方法应用过程中,会有许多因素影响班组用料。定额员要深入现场调查研究，会同有关人员从多方面检查，对发现的问题帮助班组解决，使班组正确执行定额用料，落实节约措施，做到合理使用。检查的主要内容见表 4-16。

限额领料单的检查内容　　　　　　　　表 4-16

序号	检查内容	说　　明
1	检查项目	检查班组是否按照用料单上的项目进行施工，是否存在串料项目。在定额用料中，应对班组经常进行以下五个方面的检查和落实： (1) 检查设计变更的项目有无发生变化； (2) 检查用料单所包括的施工是否做，是否甩，是否做齐； (3) 检查项目包括的工作内容是否都已做完； (4) 检查班组是否做限额领料单以外的施工项目； (5) 检查班组是否有串料项目
2	检查工程量	检查班组已验收的工程项目的工程量是否与用料单上所下达的工程量一致。班组用料量的多少，是根据班组承担的工程项目的工程量计算的。工程量超量必然导致材料超耗，只有严格按照规范要求做，才能保证实际工程量不超量。在实际施工过程中，由于各种因素的影响，往往造成超高、超厚、超长、超宽而加大施工量。如浇筑梁、柱、板混凝土时，因模板超宽、缝大、不方正等原因，造成混凝土超量，主要查模板尺寸，还应在木工支模时建议模板要支得略小一点，防止浇筑混凝土时模板胀出加大混凝土量
3	检查操作	检查班组在施工中是否严格按照规定的技术操作规范施工。不论是执行定额还是执行技术节约措施，都必须按照定额及措施规定的方法要求去操作，否则就达不到预期效果。有的工程项目工艺比较复杂，应重点检查主要项目和容易错用材料的项目。在砌砖、现浇混凝土、抹灰工程中，要检查是否按规定使用混凝土及砂浆配合比，防止以高强度等级代替低强度等级，以水泥砂浆代替混合砂浆
4	检查措施的执行	检查班组在施工中技术节约措施的执行情况。技术节约措施是节约材料的重要途径，班组在施工中是否认真执行，直接影响着节约效果。因此，不但要按措施规定的配合比和掺合料签发用料单，而且要检查班组的执行情况，通过检查帮助班组解决执行中存在的问题
5	查活完脚下清	检查班组在施工项目完成后材料是否做到剩余材料及时清理，用料有无浪费现象。材料超耗的因素是操作时落地材料过多，为避免材料浪费可以采取以下措施：尽量减少材料落地，对落地材料要及时清理，有条件的要随用随清，材料不能随用的集中分拣后再利用。材料员要协助促使班组计划用料，做到砂浆不过夜，灰槽不剩灰，半砖砌上墙，大堆材料清底使用，砂浆随用随清，运料车严密不漏，装车不要过高，运输道路保持平整，筛漏集中堆放，后台保持清洁，刷罐灰尽量利用，通过对活完脚下清的检查，达到现场废物利用和节约材料的目的

5. 限额领料单的验收

班组完成任务后，应由工长组织有关人员进行验收，工程量由工长验收签字、统计，预算部门把关，审核工程量，工程质量由技术质量部门验收，并在任务书签署检查意见，用料情况由材料部门签署意见，验收合格后办理退料手续，见表 4-17。

4.4 材料定额供应方法

限额领料验收记录 表 4-17

项 目	施工队五定	班组五保	验收意见
工期要求			
质量标准			
安全措施			
节约措施			
协作			

6. 限额领料单的结算

班组长将验收件合格的任务书送交定额员结算。材料定额员根据验收的工程量和质量部门签署的意见，计算班组实际应用量和实际耗用量结算盈亏，最后根据已结算的定额用料单分别登入班组用料台账，按月公布班组用料节超情况，并作为评比和奖励的依据，见表 4-18。

分部分项工程材料承包结算表 表 4-18

单位名称		工程名称		承包项目	
材料名称					
设计预算用量					
发包量					
实耗量					
实耗与设计预算比					
实耗与发包量比					
节超价值					
提供率					
提奖率					
主管领导审批意见			材料部门审批意见		
(盖章)　　　　　　　年　月　日			(盖章)　　　　　　　年　月　日		

在结算中应注意的问题见表 4-19。

结算中应注意的问题 表 4-19

序号	应注意的问题
1	班组任务书如个别项目由某种原因由工长或计划员进行更改，原项目未做或完成一部分而又增加了新项目，这就需要重新签发用料单后与实耗对比
2	由于上道工序造成下道工序用料超过常规，应按实际验收的工程量计算用量。如抹灰工程中班组施工的某一项目，墙面抹灰，定额标准厚度是 2cm，但由于上道工序造成墙面不平整增加了抹灰厚度，应按工长实际验收的厚度换算单方用量后再进行结算
3	要求结算的任务书，材料耗用量与班组领料单实际耗用量及结算数字要对口

7. 限额领料单的分析

根据班组任务结算的盈亏数量,进行节超分析,主要是根据定额的执行情况,搞清材料节约和浪费的原因,目的是揭露矛盾、堵塞漏洞,总结交流节约经验,促使进一步降低材料消耗,降低工程成本,并为今后修订和补充定额,提供可靠资料。

4.4.4 限额领料的核算

核算的目的是考核该工程的材料消耗,是否控制在施工定额以内,同时也为成本核算提供必要的数据及情况。

(1) 根据预算部门提供的材料分析,做出主要材料分部位的两项对比。

(2) 要建立班组用料台账,定期向有关部门提供评比奖励依据。

(3) 建立单位工程耗料台账,按月登记各工程材料耗用情况,竣工后汇总,并以单位工程报告形式做出结算,作为现场用料节约奖励,超耗罚款的依据。

4.5 材料配套供应

材料配套供应是指在一定时间内对某项工程所需的各种材料(包括主要材料、辅助材料、周转使用材料和工具用具等),根据施工组织设计要求,通过综合平衡,按材料的品种、规格、质量以及数量配备成套,供应到施工现场。

建筑材料配套性强,任何一个品种或规格出现缺口,都会影响工程进行。各种材料只有齐备配套,才能保证工程顺利建成投产。材料配套供应,是材料供应管理重要的一环,也是企业管理的一个组成部分,需要企业各部门密切配合协作,搞好材料配套供应工作。

4.5.1 材料配套供应应遵循的原则

材料配套供应应遵循的原则见表 4-20。

材料配套供应应遵循的原则 表 4-20

序号	原则	说明
1	保证重点的原则	重点工程关系到国民经济的发展,所需各项材料必须优先配套供应。有限的资源,应该投放到最急需的地方,反对平均分配使用。以下情况要优先供应: (1) 国家确定的重点工程项目,必须保证供应; (2) 企业确定的重点工程项目,系施工进程中的重点,必须重点组织供应; (3) 配套工程的建成,可以使整个项目形成生产能力,为保证"开工一个,建成一个",尽快建成投产,所需材料也应优先供应
2	统筹兼顾的原则	对各个单位、各项工程、各种使用方向的材料,要全面考虑,统筹兼顾,进行综合平衡。既要保证重点,也要兼顾一般,以保证施工生产计划全面实现
3	勤俭节约的原则	建筑工程每天都消费大量材料,在配套供应的过程中,应贯彻勤俭节约的原则,在保证工程质量的前提下,充分挖掘物资潜力,合理充分地利用库存。实行定额供应和定额包干等经济管理手段,促进施工班组贯彻材料节约技术措施与消耗管理,降低材料单耗
4	就地就近供应原则	在分配、调运和组织送料过程中,都要本着就地就近配套供应的原则,并力争从供货地点直达现场,以节省运杂费

4.5.2 材料平衡配套方式

材料平衡配套的主要方式见表 4-21。

材料平衡配套的方式 表 4-21

序号	配套方式	内　　　容
1	会议平衡配套	会议平衡配套又称集中平衡配套，是在安排月度计划前，由施工部门预先提出需用计划，材料部门深入施工现场，对下月施工任务与用料计划进行详细核实摸底，结合材料资源进行初步平衡，然后在各基层单位参加的定期平衡调度会上互相交换意见，确定材料配套供应计划，并解决临时出现的问题
2	重点工程平衡配套	列入重点的工程项目，由主管领导主持召开专项会议，研究所需材料的配套工作，决定解决办法，做到安排一个，落实一个，解决一个
3	巡回平衡配套	巡回平衡配套，指定期或不定期到各施工现场，了解施工生产需要，组织材料配套，解决施工生产中的材料供需矛盾
4	开工、竣工配套	开工配套以结构材料为主，目的是保证工程开工后连续施工。竣工配套以装修和水电安装材料及工程收尾用料为主，目的是保证工程迅速收尾和施工力量的顺利转移
5	与建设单位协作平衡配套	施工企业与建设单位分工组织供料时，为了使建设单位供应的材料与施工企业市场采购、调剂的材料协调起来，应互相交换备料、到货情况，共同进行平衡配套，以便安排施工计划，保证材料供应

4.5.3 配套供应的方法

配套供应的方法见表 4-22。

配套供应的方法 表 4-22

序号	方　　法	内　　　容
1	以单位工程为对象进行配套供应	采取单项配套的方法，保证单位工程配套的实现。配套供应的范围，应根据工程的实际条件来确定。例如以一个工程项目中的土建工程或水电安装工程为对象进行配套供应。对这个单位工程所需的各种材料、工具、构件、半成品等，按计划的品种、规格、数量进行综合平衡，按施工进度有秩序地供应到施工现场
2	以一个工程项目为对象进行配套供应	由于牵涉到土建、安装等多工种的配合，所需料具的品种规格更为复杂，这种配套方式适用于由现场项目部统一指挥、调度的工程和由现场型企业承建的工程
3	大分部配套供应	采用大分部配套供应，有利于施工管理和材料供应管理。把工程项目分为基础工程、框架结构工程、砌筑工程、装饰工程、屋面工程等几个大分部，分期分批进行材料配套供应
4	分层配套供应	对于半成品和钢木门窗、预制构件、预埋铁件等，按工程分层配套供应。这个办法可以少占堆放场地，避免堆放挤压，有利于定额耗料管理
5	配套与计划供应相结合	综合平衡、计划供应是过去和现在通常使用的供应管理方式。计划供应与配套供应相结合，首先对确定的配套范围，认真核实编好材料配套供应计划，经过综合平衡后，切实按配套要求把材料供应到施工现场，并严格控制超计划用料。这样的供应计划才更切合实际，满足施工生产需要

续表

序号	方法	内容
6	配套与定额管理相结合	定额管理主要包括两个内容，一是定额供料，二是定额包干使用。配套供应必须与定额管理结合起来，不但配套供料计划要按材料定额认真计算，而且要在配套供应的基础上推行材料耗用定额包干，整体提高配套供应水平和定额管理水平
7	周转使用材料的配套供应	周转使用材料也要进行配套供应，应以单位工程为对象，按照定额标准计算出实际需用量，按施工进度要求编制配套供应计划，并按计划进行供应

4.6 材料运输管理

4.6.1 材料运输方式

我国目前的运输方式有多种，它们各有不同的特点，采用着各种不同的运输工具，能适应不同情况的材料运输。在组织材料运输时，应结合各种运输方式的特点、运输距离的远近、材料的性质、供应任务的缓急及交通地理位置来确定，并选择使用。

1. 按运输工具划分

材料的运输方式按运输工具可以划分为表4-23中的几种形式。

材料的运输方式按运输工具分类　　　　表4-23

序号	分类	内容
1	铁路运输	铁路运输是长距离运输的主要方式。其货运能力大，运输速度快，运费较低，不受季节影响，连续性强，运行较安全、准时，始发和到达的作业费较高。 铁路是现代化的交通运输工具。货车按产权可分为铁路货车和企业自备车两种。我国铁路上运用的货车类型较多，主要有棚车、敞车、煤车、平车、砂石车、罐车和冷藏车等，其基本符号和主要用途见表4-24。 铁路货物运输种类分为整车、零担、集装箱运输三种。它是根据托运货物的性质、数量、体积和运输条件等确定的。整车货物运输是指一批货物的重量或体积需使用一辆30t以上货车运输的，或虽不能装满一辆货车，但由于货物的性质、形状和运输条件等情况，按照铁路规定必须单独使用一辆货车装运的。零担货物运输指一批货物的重量、体积、形状和运输条件等不够整车运输条件的，可以与其他货物配装在同一辆货车内。集装箱运输是指货物放置在集装箱内进行运输。 铁路运输必须按照一个单位货物（即"一批"）办理货物的托运、承运、装车、提货和计算货物的运杂费。整车货物运输，每车为一批；跨装、爬装和使用游车运输的货物，每一车组为一批。零担货物和集装箱货物运输，以每张货单为一批。集装箱运输的货物，每批必须是同一箱型，每批至少一箱，最多不超过一辆货车所能装运的集装箱数
2	公路运输	公路是连接城市与城市、城市与乡镇、乡镇与乡镇之间的纽带，为城乡运送货物，满足人民生活需要，满足建设项目生产需要。 我国目前公路运输的运输工具，有非机动车和机动车两种。非机动车辆有人力板车、马车、骡车等，大部分承担短途运输。机动车有汽车和拖拉机等。 公路运输基本上是地区性运输。地区公路运输网与铁路、水路干线及其他运输方式相结合，构成全国性的运输体系。公路运输的特点是运输面广，而且机动灵活、快速、装卸方便。公路运输是铁路运输不可缺少的补充，是现代很重要的运输方式之一，担负着极其广泛的中、短途运输任务。由于公路运输中机动车运输特别是汽车运输，设备磨损及燃料耗费成本较高，因此不宜长距离运输

4.6 材料运输管理

续表

序号	分类		内容
3	水路运输	内河运输	内河运输是指船舶在河流中航行的运输。装运材料船舶有货轮、油轮、客货轮、油驳和货驳等。沿江大城市设有港务局，下设港务站，办理货物进出港吞吐，港口装卸和受理货物托运等业务。拖驳船队是目前内河航运的主要运输工具，具有载装量大，能分散装卸，管理方便和经济效益高等优点，适宜装运大批量材料的运输
		海上运输	海上运输是指船舶在近海和远洋中船运的运输方式。国内水路货物运输按照交通部门颁发的《水路货物运输规则》规定，分为整批、零担和集装箱运输。一张运单的货物重量满30t或体积满34m³的应按整批货物托运，不足此数的按零星货物托运。使用集装箱的货物，每张运单至少一箱。内河船舶按照船舶的装载水线或水尺及航运管理部门核准的船舶准载吨位确定其装载重量。 水路运输具有投资少、见效快、运量大和运输费用低等优点。它是适宜装运建筑材料的运输工具
4	航空运输		航空运输具有运输速度最快的特点，它适宜紧急货物、抢救材料和贵重物品的运输，但它的材料运输量很小，运费很高。目前航空运输占全国材料运输周转量的比重很小
5	管道运输		管道运输是一种新型的运输方式，有很大的优越性。其特点是：运送速度快、损耗小、费用低、效率高。适用于输送各种液体、气体、粉状、粒状的材料。目前主要运输液体和气体。 表4-25为各种运输方式的特点比较
6	非机动运输		非机动运输，指人力、畜力、非机动车船的运输。它机动灵活，路况要求低，分布广阔，但运力小且速度慢。只能作为短距离运输的补充力量

铁路货车主要类型和基本符号表　　　表4-24

主要类型		基本符号	主要用途
棚车	棚车	P	装运较贵重和不能受潮的货物，如水泥
	通风车	F	装运蔬菜、鲜水果等货物
敞车	敞车	C	装运一般货物如砂石、石、木、生铁、钢材
	煤车	M	装运煤炭
	矿石车	K	装运矿石
平车		N	装运钢轨、汽车、大型机械设备和长大货物
罐车		G	装运液体货物
冷藏库		B	装运保持一定温度的货物
砂石车		A	装运砂石
其他	长大货物车	D	装运长大货物
	散装水泥车	K_{15}	装运散装水泥
	毒品车	PD	毒品专用车
守车		S	供货运列车长和有关人员办公用

4　材料供应与运输管理

各种运输方式的特点比较　　　　　　　表 4-25

运输方式	铁路运输	水路运输	公路运输	航空运输	管道运输
运量	大	大	小	很小	大
运行速度	快	较慢	较快	最快	快
运输费用	低	较低	较高	很高	低
气候影响	一般不受影响	受大风、台风大雾影响，并受水位、潮期限制	除大雾大雪外一般不受影响	受一定影响	一般不受影响
适用条件	长途运输大宗材料	1. 大、中型船舶适宜长途运输 2. 小型船舶适宜短余运输	短运输输、市内运输	急用材料、救灾抢险、材料运输	气候、液体、粉末状、粒状材料

2. 按运输线路划分

材料的运输方式按运输路线可以划分为表 4-26 中的几种形式。

材料的运输方式按运输路线分类　　　　　　　表 4-26

序号	分类	内　　容
1	直达运输	直达运输指材料从起运点直接运到目的地。它的运输时间短，不需中转，装卸损耗及费用少。运输材料应尽量选择这种方式
2	中转运输	中转运输指材料从起运点到中转仓库，再由中转仓库到目的地。建筑企业施工点多，分布面广，材料品种多、规格复杂，需要再次分配材料；零星、易耗、量小而集中采购的材料需要再次分配；受现场保管条件限制，近期不用的材料也需中转运输

在选择具体运输线路时，应根据运输条件、流向等，合理选择运距短的线路，缩短运输时间，节约运输费用。

3. 按装载方式和运输途径分类

材料的运输方式按装载方式和运输途径可以划分为表 4-27 中的几种形式。

材料的运输方式按装载方式和运输途径分类　　　　　　　表 4-27

序号	分类	内　　容
1	散装运输	散装运输是指粒（粉）状或液体货物不需包装，采用专用运载工具的运输方式。近年来我国积极发展水泥散装运输，供货单位配备散装库、铁路配置罐式专用车皮、中转供料单位设置散装水泥库及专用汽车和风动装卸设备。施工单位须备置或租用散装水泥罐或专用仓库
2	集装箱运输	集装箱运输是使用集装箱进行物资运输的一种形式。集装箱或零散物资集成一组，采用机械化装卸作业，是一种新型、高效率的运输形式。集装箱运具有安全、迅速、简便、节约、高效的特点，是国家重点发展的一种运输形式。建筑材料中的水泥、玻璃、石棉制品、陶瓷制品等都可以采用这种形式
3	混装运输	混装运输也称杂货运输，指同一种运输工具同时装载各类包装货物（如桶装、袋装、箱装、捆装等）的运输方式

续表

序号	分 类	内 容
4	联合运输	联合运输简称联运,一般是由铁路和其他交通运输部门在组织运输的过程中,把两种或两种以上不同的运输方式联合起来,实行多环节、多区段相互衔接,实现物资运输的一种方式。联运发送时只办一次托运,手续简便,可以缩短物资在途时间,充分发挥运输工具和设备的效能,提高运输效率。 联运的形式有水陆联运,水水联运、陆陆联运和铁、公、水路联运等。一般货源地较远,又不能用单一的方式进行运输的,须采用联运的形式

4. 按运输条件划分

材料具有各种不同的性质和特征,在材料运输中,必须按照材料的性质和特征安排装运适合的车船,采取相应的安全措施,将材料及时、准确和安全地运送到目的地。

材料的运输方式按运输条件可以划分为以下几种形式:

(1) 普通材料运输

普通材料运输是指不需要特殊的运输工具,如砂子、石料、砖瓦和煤炭等材料运输,可使用铁路的敞车、水路的普通船队或货驳、汽车的一般载重货车装运。

(2) 特种材料运输

特种材料运输是指需用特殊结构的车船,或采取特殊的运送措施的运输。特种材料运输还可以分为以下几种:

1) 超限材料运输。材料的长度、宽度或高度的任何一个部分超过运输管理部门规定的标准尺度的材料,称为长大材料。凡一件材料的质量超过运输部门规定标准质量的货物,称为笨重材料。

2) 危险品材料运输。凡是具有自燃、易燃、腐蚀、毒害以及放射等特性,在运输过程中有可能引起人身伤亡,使人民财产遭受毁损的材料,称为危险品材料。

装运危险品材料的运输工具,应按照危险品材料运输要求进行安排,如内河水路装运生石灰,应选派良好的不漏水的船舶;装运汽油等流体危险品材料,应用槽罐车,并有接地装置。

在运输危险品材料时,必须按公安交通运输管理部门颁发的危险品材料规则办理,应做好的工作见表4-28。

危险品运输时应做好的工作　　表4-28

符号	应做好的工作
1	托运人在填写材料运单时,要填写材料的正式名称,不可写土名、俗名
2	要有良好的包装和容器(如铁桶、罐瓶),不能有渗漏,装运时应事先做好检查
3	在材料包装物或挂牌上,必须按国家标准规定,标印危险品包装标志
4	装卸危险品时,要轻搬轻放,防止摩擦、碰撞、撞击和翻滚,码垛不能过高
5	要做好防火工作,禁止吸烟,禁止使用蜡烛、汽灯等
6	油布、油纸要保持通风良好
7	配装和堆放时,不能将性质抵触的危险品材料混装和混堆
8	汽车运输时应在车前悬挂标志

4.6.2 材料运输合理化

经济合理地组织材料运输是指按照客观的经济规律，在材料运输中用最少的劳动消耗，最短的时间和里程，把材料从产地运到生产消费地点，满足工程需要，实现最大的经济效益。

1. 影响运输合理化的因素

运输合理化，是由各种经济的、技术的和社会的因素相互作用的结果。影响运输合理化的因素主要有：

（1）运输距离

在运输时运输时间、运费、运输货损、车辆周转等运输的若干技术经济指标，都和运输距离有一定比例关系，运输距离长短是运输是否合理的一个最基本因素。因此，物流公司在组织商品运输时，首先要考虑运输距离，尽可能实现运输路径优化。

（2）运输环节

由于运输业务活动的需要，经常进行装卸、搬运、包装等工作，多一道环节，就会增加起运的运费和总运费。因此，如果能减少运输环节，尤其是同类运输工具的运输环节，对合理运输有很大促进作用。

（3）运输时间

运输是物流过程中需要花费较多时间的环节，尤其是远程运输。在全部物流时间中，运输时间短有利于运输工具加速周转，充分发挥运力作用。

（4）运输费用

在全部物流费用中运费占很大比例，是衡量物流经济效益的重要指标，也是组织合理运输的主要目的。

上述因素既相互联系，又相互影响，甚至还相互矛盾。即使运输时间短了，费用却不一定省，这就要求进行综合分析，寻找最佳方案。在一般情况下，运输时间短、运输费用省，是考虑合理运输的关键因素，因为这两项因素集中体现了物流过程中的经济效益。

2. 常见的不合理运输方式

（1）对流运输

对流运输是指同品种货物在同一条运输线路上，或者在两条平行的线路上，相向而行，如图 4-1 所示。

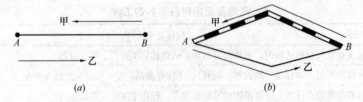

图 4-1 对流运输
(a) 同一条运输线路上的对流运输；(b) 两条平行运输线路上的对流运输

对流运输的不合理性主要表现在：造成运力的浪费及运输费用的额外支出，造成无效运输工作量。因为对流运输所产生的无效运输工作量等于发生了对流区段的运量和运距乘积的两倍，其超支的运输费用就是无效运输工作量与运价的乘积。其计算公式为：

浪费的吨公里＝最小对流吨数×对流区段里程×2 (4-5)

(2) 迂回运输

迂回运输是指所运货物从始发地至目的地不按最短线路运输而绕道运输，造成过多的运输里程。如图 4-2 所示，由 A 地到 B 地可以走甲路线，但却从 A 地经 C 地、D 地再到 B 地，即走乙路线，则形成迂回运输。

迂回运输的不合理性是非常明显的，极大程度的引起运输能力的浪费，运输费用的超支。但因为道路施工、事故等因素被迫绕道是可以的，但应当尽快恢复。

迂回运输造成的损失可表示为：

浪费的费用＝浪费的吨公里×该种货物每吨公里的平均运费

(4-6)

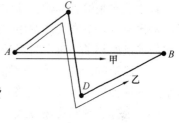

图 4-2　迂回运输

(3) 重复运输

重复运输是指同一批货物由生产地运至消费地后，不经过任何加工或必要的作业，又重新装车运往别处的现象。这种重复运输使货物在流转过程中造成多余的中转和倒装，不仅虚耗装卸费用，造成运输工具非生产性停留，还增加货物作业量，延长了货物流转过程，额外地占用了企业流动资金。

(4) 过远运输

过远运输是指所需货物供应不去就近组织，相反地只能从较远的地方组织运来，结果造成运输工具不必要的长途运行。这里必须指明，判明某种货物运输是否属于过远运输，需要经过细致的分析，不能单纯看它的运距长短。比如某种货物因运距较长而增加了运输费用，但仍然能保证所供应货物的价廉物美，这样的运输仍可以说是合理的。所以，组织物流运输要注意区别不合理的过远运输与远距离运输。过远运输损失的计算公式如下：

浪费的运输吨公里＝过远运输货物吨数×（过远运输全部里程－该货物合理运输里程）

(4-7)

浪费的费用＝浪费的运输吨公里×该货物的平均运费 (4-8)

(5) 无效运输

无效运输是指被运输的货物杂质较多，使运输能力浪费于不必要的货物运输。例如，我国每年有大批原木进行远距离运输，若用材率为 70％，则有 30％ 的边角废料基本上属于无效运输。如果在林区集中建立木材加工工厂，搞边角料的综合加工利用，可以减少此类无效运输，而大大缓和运力紧张的状况。

(6) 违反水陆合理分工的运输

指有条件利用水运或实行水陆联运的货物，而违反了水陆合理分工的规定，弃水走陆。这样，既不能充分利用水运，使水运的潜力得不到充分有效的发挥，又增加了其他运输工具的压力，不但影响了货物的合理周转还增加不必要的周转时间及企业人力、物力和财力的浪费。

3. 实现经济合理运输的途径

货源地点、运输路线、运输方式、运输工具等都是影响运输效果的主要因素。在材料采购过程中，应该就近取材，组织运距最短的货源，为合理运输创造条件。实现经济合理运输的途径有以下几条：

（1）选择合理的运输路线

根据交通运输条件与合理流向的要求，选择里程最短的运输路线，最大限度地缩短运输的平均里程，消除各种不合理运输，如对流运输、迂回运输、重复运输等和违反国家规定的物资流向的运输方式。

（2）尽量采用直达运输

直达运输是追求运输合理化的重要形式之一，其要点是通过减少中转过载换装，从而提高运输速度，节省装卸费用，降低中转货损。直达的优势，尤其在一次运输批量和用户一次需求量达到了一整车时表现最为突出。另外，在生产资料、生活资料运输中，通过直达，建立稳定的产销关系和运输系统，也有助于提高运输的计划水平。考虑用最有效的技术来实现这种稳定运输，能够大大提高运输效率。

（3）选择合理的运输方式

根据材料的特点、数量、性质、需用的缓急、里程的远近和运价的高低，选择合理的运输方式，以充分发挥其效用。比如大宗材料运距在 100km 以上的远程运输，应选用铁路运输。沿江、沿海大宗材料的中、长距离适宜采用水运。一般中距离材料运输以汽车为宜，条件许可时，也可采用火车。短途运输、现场转运使用民间运输工具比较经济实惠。紧急需用的小批量材料可用航空运输。

（4）提高装载技术、保证车船满载

不论采用哪种运输工具，都要考虑其载重能力，尽量装够吨位，保证车船满载，防止空吨运输。铁路运输有篷车、敞车、平车等，要使车种适合货种、车吨配合货吨。装货时必须采取装载加固措施，防止材料在运输中发生移动、倒塌、坠落等情况。对于怕湿的材料，应用篷布覆盖严密。

（5）改进包装，提高运输效率

一方面要根据材料运输安全的要求，进行必要的包装和采取安全防护措施，另一方面对装卸运输工作要加强管理，以及加强对责任事故的处理。

4.6.3 材料运输计划的编制与实施

材料运输计划是以材料供应计划为基础，根据材料资源分布情况和施工进度计划的需要，结合运输条件并选定合理的运输方式进行编制的。运输计划的编制要遵循经济合理、统筹兼顾、均衡运输的原则。

1. 材料运输计划的编制程序

材料运输计划的编制程序见表 4-29。

材料运输计划的编制程序　　　　　　表 4-29

序号	编制程序	内　容
1	资料准备	在材料运输计划编制前，要收集内部资料，如施工进度计划、材料采购供应计划、材料构件供应计划、订货计划、订货合同、协议等，还要掌握外部有关信息，如产地情况、交通路线、装卸规定、费用标准及社会运力等资料
2	计算比较	根据以上信息，结合选择的运输路线、运输方式等，对计划运输材料的品种、数量、距离、时间及运费等因素进行计算，分析对比，编制出运输计划的初步方案
3	研究定案	初步方案编好后，按照运输计划编制的原则结合实际情况，进行认真比较，择优定案

4.6 材料运输管理

2. 材料运输计划的实施

材料运输计划编制好后,随即按照选定的运输方式,分别报送托运计划,签订托运协议,逐一落实,见表 4-30。

材料运输计划的实施　　　　　　　　　　　　　　　　　　　表 4-30

序号	编制程序	内　容
1	铁路运输计划	铁路运输计划,以月份货物运输为基础,整车需有批准手续,每月按铁道部门规定日期向发运车站提出下月用车计划,报送铁道主管部门审批
2	公路运输计划	公路运输计划,按规定向交通运输部门报送运输计划,及时联系落实。企业内部和建设单位的汽车运输也应分别编制计划
3	水路运输计划	水路运输计划,需要委托水运部门运输的材料,应按水运部门的有关规定,按季或按月报送托运计划,批准后按有关规定办理托运手续

3. 材料运输计划的表格

材料运输平衡计划及按运输方式分别编制的材料计划的表式如下:

(1) 建筑材料运输年(季)度计划平衡表,参考样式表 4-31。
(2) 年月份铁路运输计划表见 4-32。
(3) 月度铁路运输计划表见表 4-33。
(4) 水运货物运输计划表见表 4-34。

材料运输年(季)度计划平衡表　　　　　　　　　　　表 4-31

××年×(季)度

建设项目	本期运输量(均折合吨)							总运输量		自有运力		对外托运					
	砖	瓦	石灰	石	钢材	木材	水泥	其他	t	t・km	t	t・km	铁路		汽车		船只	
													t	t・km	t	t・km	t	t・km

133

4 材料供应与运输管理

___年___月份铁路运输计划表　　　　　　　　　　　表4-32

　　　　　　　　　　　　　　　　　　　　计划单位名称：_____
　　　　　　　　　　　　　　　　　　　　计划单位详细地址：_____
___年___月___日提出　　批准计划号码_____　　计划单位：_____
　　　　　　　　　　　　　　　　　　　　计划单位电话：_____

到达		提货单位	收货单位	货物		车种及车数					附注	发送局
局	车站			名称	吨数	棚P	敞C	平N		合计		

月（季）度公路运输计划表　　　　　　　　　　　　　　　表4-33

承运单位：　　　　　　　　　　　　　　　　　　　　　　托运单位：

材料名称	运输里程			运输量		其中						备注
	起点	终点	运距（公里）	t	t·km	月份		月份		月份		
						t	t·km	t	t·km	t	t·km	

水运货物运输计划表　　　　　　　　　　　　　　　　　表4-34

货名	到达港	换装港		收货单位	托运重量/t	核定重量/t
		第一	第二			

4.6.4 材料的托运、装卸与领取

1. 材料的托运和承运

铁路整车和水路整批托运材料，要由托运单位在规定时间内向有关运输部门提出月度

货物托运计划,铁路运输的货物要填送"月份要车计划表",水路运输的货物要填送"月度水路货物托运计划表",托运计划经有关运输主管部门批准后,按照批准的月度托运计划向承运单位托运材料。

发货人托运货物应向车站(起运港)按批提出"货物运单"。货物运单是发货人与承运单位为共同完成货物运输任务而填制,具有运输契约性质的运送票据。所以货物运单应认真具体逐项填写。托运的货物按毛重确定货物的重量,运输单位运输货物按件数与重量承运。货物重量是承运、托运单位运输货物、交接货物与计算运杂费用的依据。

发货人应在承运单位指定的时间内将运输的材料搬入运输部门指定的货场(或仓库),以便承运单位进行装运。发货人托运的材料,要根据材料的性质、重量、运输距离及装载条件,使用便于装卸和能够保证材料安全的运输包装。材料包装直接影响材料运输质量,所以要选用牢固的包装。有特殊运输和装卸要求的材料,应在材料包装上标印(或粘贴)"运输包装指示标志"。

材料进行零担托运时,应于每件货物上注明"货物标记"(图4-3),在每件材料的两端各拴挂一个,不宜用纸签的货物要用油漆书写,或用木板、塑料板、金属板等制成的标记。材料的运费是按照材料等级、里程和重量,按规定的材料运价计算。此外还有装卸费、候闸费、过闸费和送车费等费用。材料的运杂费要在承运的当天一次付清,如承托运双方有协议的,应按协议规定进行办理。

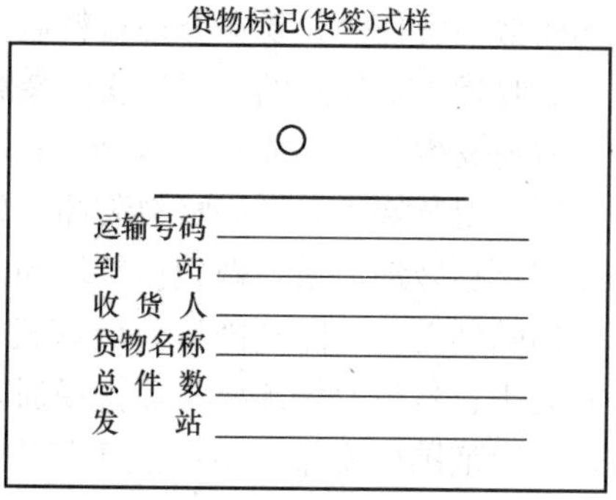

图 4-3 货物标记式样

发运车站(起运港)将发货人托运的货物,经确认,符合运送要求并核收运杂费后,加盖车站(港口)承运日期戳,表示材料已经承运。承运仅是运输部门负责运送材料的开始,其要对发货人托运的材料承担运送的义务与责任。为了防止材料在运输过程中发生意外事故损失,托运单位要在保险公司投保材料运输保险。通常可委托承运单位代办或与保险公司签订材料运输保险合同。

2. 到达后的交接

材料运到后,由到站(到达港)根据材料运单上发货人所填记的收货人名称、地址与电话,向其发出到货通知,通知收货人到指定地点领取材料。到货通知有电话通知、书信通知和特定通知等多种方法。

设有铁路专用线的建筑企业,可与到站协商签订整车送货协议,并规定送货方法。设有水路自有码头(仓栈)的建筑企业可与运输单位协商,采取整船材料到达预报的联系方法。收料人员接收运输的材料时,应要按材料运单规定的材料名称、规格与数量,与实际装载情况核对,经确认无误后,由收货人在有关运输凭证上签名盖章,表示运输的材料已收到。材料在到站(到达港)货场(或仓库)领取的,收货人应在运输部门规定日期内提货,过期提货要向到站(到达港)缴付过期提货部分材料的暂存费。

3. 材料的装货和卸货

材料的装货、卸货都要贯彻"及时、准确、安全、经济"的材料运输原则。对材料装卸应做好以下几方面工作:

(1) 随时收听天气预报，注意天气变化。

(2) 平时应掌握运输、资源、用料和装卸有关的各项动态，做到心中有数，做好充分准备。

(3) 准备好麻袋（纸袋），以便换装破袋和收集散落材料；做好堵塞铁路货车漏洞用的物品等准备工作。

(4) 材料装货前，要检查车、船的完整，要求没有破漏，车门车窗要齐全和做好车、船内的清扫等工作；装货后，检查车、船装载能否装足材料数量。

(5) 做好车、船动态的预报工作，并做好记录。

(6) 随时准备好货场、货位及仓位，以便装卸材料。

(7) 材料卸货前，应检查车、船装载情况；卸货后，检查车、船内材料能否全部卸清。

发生延期装货、延期卸货时要查明原因，属于人力不可抗拒的自然原因（包括停电）和运输部门责任的，要在办理材料运输交接时，在运输凭证上注明发生的原因；属于发货人（或收货人责任）的，要按实际装卸延期时间按照规定支付延期装货（或延期卸货）费用。避免发生延装（或延卸），可采取以下措施：收、发料人员严格执行岗位责任制，应在现场督促装卸工人做好材料装卸工作；收、发料单位都要与装卸单位相互配合、协作，安排好足够装卸力量，做到快装快卸，如有条件，可签订装卸协议，明确各自责任，保证车、船随到随装，随到随卸；装卸机械要定期保养与维修，建立制度，保持机械设备完好；码头、货位及场地要常保持畅通，防止其堵塞；调派车、船时，应在装卸地点的最大装卸能力范围内安排，不可过于集中，否则超过其最大装卸能力就会造成车、船的延装（延卸）。

4. 运输中货损、货差的处理

货物在运输过程中发生货物数量的损失即为货差，发生货物的质量、状态的改变即为货损，货损与货差都是运输部门的货运事故。货运事故大包括火灾、货物丢失、货物被盗、货物损坏（货物破裂、湿损、污损、变形、变质）、票货分离和误装卸、误交付、错运、件数不符等。发生货运事故时，要在车、船到达的当天会同运输部门处理，并向运输部门索取有关记录。其记录包括"货运记录"和"普通记录"两种。

(1) 货运记录

货运记录是分析事故责任和托运人要求承运人赔偿货物的基本文件。货运记录应有运输部门负责处理事故的专职人员签名（或盖章），加盖车站（港口）公章（或专用章）。

(2) 普通记录

普通记录是一般的证明文件，不能作为向运输部门赔偿的依据。普通记录应有运输部门有关人员签名（或盖章）并加盖车站（港口）戳。托运部门在提出索赔时，要向运输部门提出货运记录、赔偿要求书、货物运单及其他证件。在运输部门交给货运记录的次日起最多不得超过180d，逾期提出索赔，运输部门可不对其进行受理。

5 材料使用与存储管理

5.1 材料的使用与存储基础知识

5.1.1 材料的使用管理的阶段

现场材料管理分为施工前准备工作、施工过程中的组织与管理、工程竣工收尾和施工现场转移的管理三个阶段,见表 5-1。

材料使用管理的阶段　　　　表 5-1

序号	阶段名称	内容
1	施工前准备工作	(1) 了解工程合同的有关规定、工程概况、供料方式、施工地点及运输条件、施工方法及施工进度、主要材料和机具的用量、临时建筑及用料情况等。全面掌握整个工程的用料情况及大致供料时间。 (2) 根据生产部门编制的材料预算和施工进度计划,及时编制材料供应计划。组织人员落实材料名称、规格、数量、质量与进场日期。掌握主要构件的需用量和加工件所需图纸、技术要求等情况。组织和委托门窗、铁件、混凝土构件的加工,材料的申请等工作。 (3) 深入调查当地地方材料的货源、价格、运输工具及运载能力等情况。 (4) 积极参加施工组织设计中关于材料堆放位置的设计。按照施工组织设计平面图和施工进度需要,分批组织材料进场和堆放,堆料位置应以施工组织设计中材料平面布置图为依据。 (5) 根据防火、防水、防雨、防潮管理的要求,搭设必要的临时仓库。需防潮和有其他特殊要求的材料,要按照有关规定妥善保管。确定材料堆储方案时,应注意以下问题: 1) 材料堆场要以使用地点为中心,在可能的条件下,越靠近使用地点越好,避免发生二次搬运; 2) 材料堆场及仓库、道路的选择不能影响施工用地,以避免料场、仓库中途搬家; 3) 材料堆场的容量,必须能够存放供应间隔期内的最大需用量; 4) 材料堆场的场地要平整,设排水沟,不积水;构件堆放场地要夯实; 5) 现场临时仓库要符合防火、防雨、防潮和保管的要求,雨期施工要有排水措施; 6) 现场运输道路要坚实,循环畅通,有回转余地; 7) 现场的石灰池,要避开施工道路和材料堆场,最好设在现场的边沿
2	施工过程中的组织与管理	施工过程中现场材料管理工作的主要内容是: (1) 建立健全现场管理的责任制。划区分片,包干负责,定期组织检查和考核; (2) 加强现场平面布置管理。根据不同的施工阶段材料消耗的变化,合理调整堆料位置,减少二次搬运,方便施工;

续表

序号	阶段名称	内容
2	施工过程中的组织与管理	(3) 掌握施工进度，搞好平衡。及时掌握用料信息，正确地组织材料进场，保证施工需要； (4) 所用材料和构件，要严格按照平面布置图堆放整齐，并保持堆料场地清洁整齐； (5) 认真执行材料、构件的验收、发放、退料和回收制度。建立健全原始记录和各种材料统计台账，按月组织材料盘点，抓好业务核算； (6) 认真执行限额领料制度，监督和控制使用材料，加强检查，定期考核，努力降低材料的消耗； (7) 抓好节约措施的落实
3	工程竣工收尾和施工现场转移的管理	工程完成总工程量的70%以后，即进入工程竣工收尾阶段，新的施工任务即将开始，必须做好施工转移的准备工作。搞好工程收尾，有利于施工力量迅速向新的工程转移。应注意如下问题： (1) 当一个工程的主要分项工程（如结构、装修）接近尾声时，一般地，材料已耗用了70%以上。要检查现场存料，估计未完工程用料，在平衡的基础上，调整原用料计划，控制进料，以防发生剩料积压，为工完清场创造条件； (2) 对不再使用的临时设施可以提前拆除，应充分考虑旧料的重复利用，节约建设费用； (3) 对施工现场的建筑废料，根据能否再利用进行分类，能使用或经修理能使用的应重复利用，确实不能利用的废料要随时进行处理； (4) 对于设计变更造成的多余材料，以及不再使用的周转材料、架木等要随时组织退库，以利于竣工拔点，及时供新工地使用； (5) 做好材料收、发、存的结算工作，办清材料核销手续，进行材料决算和材料预算的对比。考核单位工程材料消耗的节约和浪费，并分析其原因，找出经验和教训，以改进新工地的材料供应与管理工作

5.1.2 材料储备的种类

材料储备是为保证施工生产正常进行而做的材料准备。材料离开生产过程进入再生产消耗过程前以在途、在库、待验以及再加工等形态停留在流通领域和生产领域，这就形成了材料储备。

按材料储备所处的领域和所在的环节，通常可以分为生产储备、流通储备和国家储备。

建筑企业材料储备是生产储备，它处于生产领域内，同时，它又可以分为经常储备、保险储备以及季节储备，见表5-2。

建筑企业材料储备的分类 表5-2

序号	阶段名称	内容
1	经常储备	经常储备又称周转储备，是指在正常情况下，前后两批材料进料间隔期中，为保证生产的进行而需经常保持的材料具有的合理储存数量标准。 经常储备量在进料时达到最大值，以后随陆续投入使用而逐渐减少，到下批材料进料前储备量为最小，最终可能降到零。它是不断消耗又不断补充，周而复始地呈周期性变动。两次到料之间的时间间隔称为供应间隔期，以天数计算，每批到货量称到货批量。经常储备示意图如图5-1所示

5.1 材料的使用与存储基础知识

续表

序号	阶段名称	内容
2	保险储备	保险储备是为了预防材料在采购、交货或运输中发生误期或施工生产消耗突然增大，致使经常储备中断，为保证施工生产需要而建立的材料储备。这种储备一般不动用（施工现场工完场清时例外），当紧急动用时，即暴露供、需之间已发生脱节，应采取补救措施及时补充。 保险储备无周期性变化规律，大部分时间保持某种水平的数量堆放在库内，因此它是一个常量，即平时不动用，在情况紧急时动用，动用后要立即补充。对于那些容易补充、对施工生产影响不大、可以用其他材料代用的材料，不必建立保险储备。保险储备与经常储备的关系如图 5-2 所示
3	季节储备	季节储备是指某些材料的资源因受季节性影响，有可能造成生产供应中断而建立的一种材料储备。为保证施工生产供应需要，必须在供应中断前，建立一定量的材料储备（图 5-3），以确保进料中断期正常供料。 季节储备的特征是将材料生产中断期间的全部需用量，在中断前一次或分批购进、存储，以备不能进料期间的消费，直到材料恢复生产可以进料时，再转为经常储备。由于某些材料在施工消费上有季节性，一般不需建立季节储备，而只在用料季节建立季节性经常储备

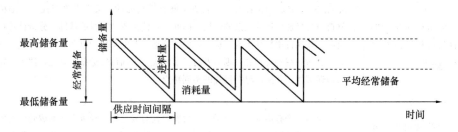

图 5-1 经常储备示意图

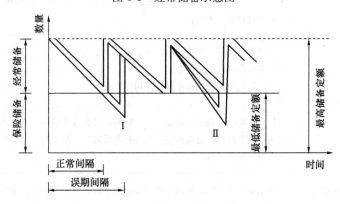

图 5-2 保险储备与经常储备关系示意图
Ⅰ—进料误期；Ⅱ—消耗增大

还有一部分材料处于运输途中，这部分材料称在途储备。在它未到达之前，不构成库存，不能使用。它只是潜在的资源，所以一般不把它单独列入材料储备量额度。它要占用资金，在计算储备资金时，要计算它占用的份额。

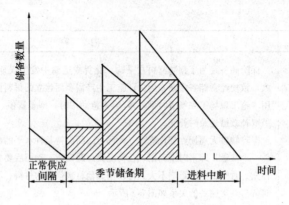

图 5-3 季节储备示意图

5.1.3 影响材料储备的因素

影响材料储备的因素见表 5-3。

影响材料储备的因素 表 5-3

序号	阶段名称	内容
1	建筑施工生产的材料消耗特点对材料储备的影响	建筑施工生产材料消耗的突出特点是既有不均衡性，又有不确定性（即随机性）。使材料消耗呈现出错综复杂的性质。因此，在使用统计资料的基础上分析计算得到储备定额，在执行中往往出现不适用，要注意运用调整系数加以调节，以适应不同情况的需要。对一些特殊材料，则需及时摸清情况，提前订货储备。总之，储备要符合材料的消耗规律，并适应材料消耗的不同特点
2	建筑材料生产和运输对材料储备的影响	建筑材料生产有周期性、批量性，材料消耗有成套性。成批生产和成套消耗发生矛盾，要由储备来调节。另外，材料的发货和运输的顺序安排，发运能力的限制，都带有随机的性质。因为批量生产和发运工作的随机性，反映为不规则的各个供应间隔期，影响材料的正常储备
3	储备资金的限制	材料储备占用资金较多，由以下三个部分组成： (1) 在库备料占用的资金； (2) 已付款未到货，在途材料占用的资金； (3) 材料已发出尚未使用，生产准备阶段材料占用的资金。 材料（实物量）储备定额是指在库材料，其数量受该部分资金所限制。至于在途材料和生产准备阶段的材料也受该部分资金所限制，都要列入储备资金定额以内，但都不列入材料储备定额
4	材料供应方式对材料储备的影响	材料供应方式不同，对施工生产提供的供料保证程度不同。建筑企业应根据不同的具体情况，设置相应的材料储备
5	材料管理水平和市场条件对材料储备的影响	材料计划准确程度高、货源组织能力强、信息灵通、各环节协作密切、供需关系协调、市场机制健全、货源充沛，则可降低储备水平；反之，则需增加材料储备，才能保证生产需要

影响材料储备的因素很多,要做具体分析,考虑它们的综合运用,做出储备决策。还要根据各个时期各种影响因素的变化,对储备定额调整,适应不同时期的不同需要。

5.2 材料储备定额的制定

5.2.1 材料储备定额的作用与分类

1. 材料储备定额的作用

材料储备定额是指在一定条件下为保证施工生产正常进行,材料合理储备的数量标准,是确定能够保证施工生产正常进行的合理储备量。材料储备过少,不能满足施工生产需要,储备过多,会造成资金积压,不利于周转。建立储备定额的关键在于寻求能满足施工生产需要,不过多占用资金的合理储备数量。材料储备定额的作用见表5-4。

材料储备定额的作用 表5-4

序号	内 容
1	材料储备定额是编制材料计划的依据:建筑企业的材料供应计划、采购计划、运输计划都必须依据储备定额编制
2	材料储备定额是确定订货批量、订货时间的依据:企业应按储备定额确定订购批量、订货时间,保证经济合理
3	材料储备定额是监督库存变化,保证合理储备的依据:材料库存管理中,需以储备定额为标准随时检查库存情况,避免超储或缺货
4	材料储备定额是核定储备资金的依据:材料储备占用资金的定额只能依据材料储备定额计算
5	材料储备定额是确定仓库规模的依据:设计材料仓库规模,必须根据材料的最大储备量确定

2. 材料储备定额的分类

材料储备定额的分类见表5-5。

材料储备的分类 表5-5

序号	分类依据	类 别	内 容
1	按作用分类	经常储备定额(周转储备定额)	经常储备定额(周转储备定额)指在正常条件下,为保证施工生产需要而建立的储备定额
		保险储备定额	保险储备定额指因意外情况造成误期或消耗加快,为保证施工生产需要而建立的储备定额
		季节储备定额	季节储备定额指由季节影响而造成供货中断,为保证施工生产需要而建立的储备定额
2	按定额计算单位不同分类	材料储备期定额也称相对储备定额	以储备天数为计算单位,表明库存材料可供多少天使用
		实物储备量定额也称绝对储备定额	采用材料本身的实物计量单位(如吨、立方米等)。它是指在储备天数内库存材料的实物数量。主要用于计划编制、库存控制、仓库面积计算等
		储备资金定额	用货币单位表示。它是核定流动资金、反映储备水平、监督、考核资金使用情况的依据。用于财务计划与资金管理

续表

序号	分类依据	类别	内容
3	按定额综合程度分类	类别储备定额	按企业材料目录的类别核定的储备定额。如五金零配件、化工材料、油漆等。其特点是所占用资金不多且品种较多，对施工生产的影响较大，应分类别核定、管理
		品种储备定额	按主要材料分品种核定的储备定额。如钢材、木材、水泥、砖、石、砂等。它们的特点是占用资金多且品种不多，对施工生产的影响大，应分品种核定、管理
4	按定额限期分类	季度储备定额	适用于设计不定型、耗用品种有阶段性、生产周期长及耗用数量不均衡等情况
		年度储备定额	适用于产品较稳定，生产与材料消耗都较均衡等情况

5.2.2 材料储备定额的制定

1. 经常储备定额的制定

经常储备定额是在正常情况下，为保证两次进货间隔期内材料需用而确定的材料储备数量标准。经常储备数量随着进料、生产及使用而呈周期性变化。经常储备条件下，每批材料进货时，储备量最高，随着材料的消耗，储备量逐步减少，到下次进货前夕，储备量降到零。再补充，即进货→消耗→进货，如此循环。经常储备定额即指每次进货后的储备量。经常储备中，每次进货后的储备量称最高储备量，每次进货前夕的储备量称最低储备量，两者的算术平均值称平均储备量，两次进货的时间间隔称供应间隔期。经常储备的循环过程如图 5-4 所示。经常储备定额的制定方法包括供应间隔期法与经济批量法。

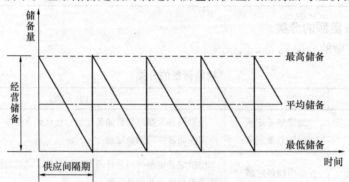

图 5-4 经常储备定额的循环过程示意图

（1）供应间隔期法

供应间隔期法是指用平均供应间隔期和平均日耗量计算材料经常储备定额的方法。按式（5-1）计算：

$$C_j = T_g \cdot H_r \tag{5-1}$$

式中　C_j——经常储备定额；
　　　T_g——平均供应间隔期；
　　　H_r——平均日耗量。

平均供应间隔期（T_g）可以利用统计资料分析推算。按式（2-12）计算：

$$T_g = \frac{\sum t_{ij} \cdot q_i}{\sum q_i} \tag{5-2}$$

式中　t_{ij}——相邻两批到货的时间间隔；
　　　q_i——第 i 期到货量。

平均间隔期即各批到货间隔时间的加权（以批量为权数）平均值。

平均日耗量按计划期材料的需用量和计划期的日历天数计算。

$$H_r = \frac{Q}{T} \tag{5-3}$$

式中　Q——计划期材料需用量；
　　　T——计划期的日历天数。

【例 5-1】　某企业 2011 年 42.5 级水泥（P.O）实际进货记录如表 5-6 所示，2012 年该种材料计划需用量 2050t，根据以上资料编制 2012 年该种材料的经常储备定额。

【解】
首先计算供应间隔期（T_g）

$$\begin{aligned}T_g &= \frac{\sum t_{ij} \cdot q_i}{\sum q_i} \\ &= \frac{37\times130+24\times180+43\times210+33\times18+18\times150+21\times200+45\times240+20\times120+43\times160+27\times180+31\times220}{130+280+210+180+150+200+240+120+160+180+220}\\ &= 32d\end{aligned}$$

计算计划年度内平均日耗量（H_r）

$$H_r = \frac{Q}{T} = \frac{2050}{360} = 5.69 t/d$$

计算经常储备定额（C_j）

$$C_j = T_g \cdot H_r = 32 \times 5.69 = 182.10 t$$

材料进货记录汇总表　　　　　　　　　　　表 5-6

进货日期	进货量（t）	供应间隔期（d）	进货日期	进货量（t）	供应间隔期（d）
1月11日	130		7月6日	240	21
2月17日	180	37	8月20日	120	45
3月13日	210	24	9月9日	160	20
4月25日	180	43	10月22日	180	43
5月28日	150	33	11月18日	220	27
6月15日	200	18	12月19日	(250)	31

（2）经济批量法

经济批量法是通过经济订购批量来确定经常储备定额的方法。

用供应间隔期制定经常储备定额，只考虑了满足消耗的需要，没有考虑储备量的变化对材料成本的影响，经济批量法即从经济的角度去选择最佳的经济储备定额。

材料购入价、运费不变时，材料成本受仓储费与订购费的影响。材料仓储费是指仓库及设施的折旧、维修费，材料保管费与维修费，装卸堆码费、库存损耗，库存材料占用资金的利息支出等。仓储费用随着储备量的增加而增加，也就是与订购批量的大小成正比。材料订购费指采购材料的差旅费及检验费等。材料订购费随订购次数的增加而增加，在总用量不变的条件下，它与订购的批量成反比。

订购批量与仓储费及订购费的关系，如图 5-5 所示。

经济批量是仓储费和订购费之和最低的订购批量。则有：

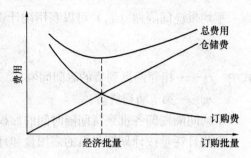

图 5-5 订购批量与费用的关系

$$计划期仓储费 = \frac{1}{2}C_jPL \tag{5-4}$$

$$计划期订购费 = NK = \frac{Q}{C_j}K \tag{5-5}$$

$$仓储订购总费用 = \frac{1}{2}C_jPL + \frac{Q}{C_j}K \tag{5-6}$$

用微分法可求得使总费用最小的订购批量：

$$C_j = \sqrt{\frac{2QK}{PL}} \tag{5-7}$$

【例 5-2】 已知某种材料单价 $P=2900$ 元/t，年需求量 $Q=2100$t，订购费 $K=1000$ 元/次，单位价值材料年仓储费率 $L=5\%$，试求经济储备定额。

【解】

利用经济批量公式确定经常储备定额。将已知条件代入公式，得：

$$C_j = \sqrt{\frac{2QK}{PL}} = \sqrt{\frac{2 \times 2100 \times 1000}{2900 \times 0.05}} = 170.19\text{t}$$

每年订购次数（N），平均供应间隔期（T_g）分别为：

$$N = \frac{Q}{C_j} = \frac{2100}{170.19} \approx 12 \text{ 次}$$

$$T_g = \frac{360}{12} = 30\text{d}$$

2. 保险储备定额的制定

保险储备定额通常确定为一个常量，无周期性变化，正常情况下不动用，只有在发生意外使经常储备不能满足需要时才动用。保险储备的数量标准即保险储备定额。保险储备与经常储备的关系，如图 5-6 所示。保险储备定额也称为最低储备定额，保险储备定额加经常储备定额又称为最高储备定额。

保险储备定额有以下几种制定方法：

（1）平均误期天数法

平均误期天数法按式（5-8）计算：

$$C_b = T_w \cdot H_r \tag{5-8}$$

式中 C_b——保险储备定额；

T_w——平均误期时间；

5.2 材料储备定额的制定

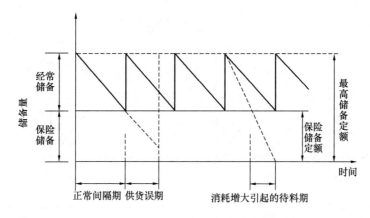

图 5-6 保险储备与经常储备的关系

H_r——平均日耗量。

平均误期时间根据统计资料计算：

$$T_w = \frac{\sum T_{ij} q_i}{\sum q_i} \qquad (5-9)$$

式中 T_w——相邻两批到货的误期时间；

　　q_i——第 i 期到货量；

　　T_{ij}——相邻两批到货的间隔期；

　　T_g——平均供应间隔期。

（2）安全系数法

安全系数法按式（5-9）计算：

$$C_b = KC_j \qquad (5-10)$$

式中 K——安全系数；

　　C_j——经常性储备定额。

安全系数（K）按历史统计资料的保险储备定额和经常储备定额计算。

$$K = \frac{\text{统计期保险储备定额}}{\text{统计期经常储备定额}} \qquad (5-11)$$

（3）供货时间法

供应时间法是指按照中断供应后，再取得材料所需时间作为准备期计算保险储备定额的方法。按式（5-11）计算：

$$C_b = T_d \cdot H_r \qquad (5-12)$$

式中 T_d——临时订货所需时间；

　　H_r——日耗量。

临时订货所需时间包括，办理临时订货手续、运输、发运、验收入库等所需的时间。

3. 季节储备定额的制定

有的材料由于受季节影响而不能保证连续供应。如砂、石，在洪水季节无法生产，不能保证其连续供应。为满足供应中断时期施工生产的需要应建立一定的储备。季节储备定额是为防止季节性生产中断而建立的材料储备的数量标准。季节储备通常在供应中断之前逐步积累，供应中断前达到最高值，供应中断后逐步消耗，直至供应恢复，如图 5-7 所示。

5 材料使用与存储管理

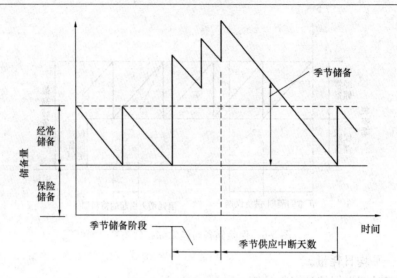

图 5-7 季节储备积累与使用

季节储备定额通常根据供应中断间隔期和日耗量计算。公式如下：

$$C_z = T_z \cdot H_r \tag{5-13}$$

式中 C_z——季节储备定额；

T_z——季节中断间隔期；

H_r——日耗量。

供应中断间隔期（T_z）应深入实地调查了解，掌握实际资料后确定。

5.2.3 材料最高、最低储备定额

根据上述储备量的计算，材料最高、最低储备定额的计算如下：

最高储备定额＝经常储备量＋保险储备量－平均每日材料需用量×储备周转期定额
$$\tag{5-14}$$

其中，储备周转期定额＝经常储备天数＋保险储备天数

最低储备定额＝平均每日材料需用量×保险储备天数 (5-15)

5.2.4 材料储备定额的应用

因建筑物位置固定、设计不定型及结构类型各异，施工中用料的阶段性、不均衡性、多变性、施工队伍流动性及材料来源点多面广等因素，对材料储备定额的影响很大，储备材料时，应根据以上特点，采用材料储备的基本理论与方法并结合施工用料进度与供料周期，分期分批备足材料，来满足施工生产的需要。

1. 经常储备的应用

各施工现场应根据施工进度计划确定各施工阶段、分部（分项）工程的施工时间，考虑材料资源、途中运输时间、交货周期、入库验收及使用前的储备时间等，在保证供应的前提下，分期分批组织材料进场。这种提前进场的储备即为经常储备。

2. 保险储备的应用

因采购、运输等方面可能发生意外，施工生产用料又有不均衡、工程量增减、材料代

用、设计变更等，导致使材料计划改变，或计划数量偏低时，都应对常用主要材料设保险储备，用来调剂余缺，以备急需。再随着工程的进展、材料计划的相应修订，需用量逐步进行落实，可将保险储备数量逐渐压缩，尤其是施工现场，常将保险储备视同经常储备看待，也就是将保险储备逐渐投入使用，直至竣工时料尽场清为止。

5.3 材料的发放与耗用

5.3.1 现场材料的发放

1. 现场材料发放依据

现场材料的发放依据是下达给施工班组、专业施工队的班组计划（任务书）。现场根据计划（任务书）上签发的工程项目和工程量所计算的材料用量，办理材料的领发手续。

现场材料发放依据见表5-7。

现场材料发放依据　　　　　　　表 5-7

序号	发放的材料	发放依据
1	工程用料的发放	工程用料包括大堆材料、主要材料、成品及半成品等。大堆材料主要有砖、瓦、灰、砂、石等；主要材料有水泥、钢材、木材等；成品及半成品主要有混凝土构件、门窗、金属件及成型钢筋等。这类材料以限额领料单（见表5-8）作为发料依据 在实际生产过程中，因各种原因造成工程量增加或减少导致材料随之发生变化，造成限额领料单不能及时下达。此时应由工长填制、项目经理审批的工程暂借用料单（见表5-9），并在3d内补齐限额领料单，提交材料部门作为正式发料凭证，否则停止发料
2	工程暂设用料	在施工组织设计以外的临时零星用料，属于工程暂设用料。此类材料领取应凭工长填制、项目经理审批的工程暂设用料申请单（见表5-10），办理领发手续
3	调拨用料	对于调出项目以外其他部门或施工项目的材料，凭施工项目材料主管人员签发或上级主管部门签发、项目材料主管人员批准的材料调拨单（见表5-11）发料
4	行政及公共事务用料	行政及公共事务用料包括大堆材料、主要材料及剩余材料等，主要凭项目材料主管人员或施工队主管领导批准的用料计划到材料部门领料，并且办理材料调拨手续

限额领料单　　　　　　　表 5-8

领料日期：_____　　　　　　　　　　　　　　编号：_____

领料单位		工程名称		用途			
发料仓库		工程编号		任务单号			
材料编号	类别	名称	规格	单位	数量		计划		参考数量
					请领数	实发数	单位	金额	

材料主管：　　　　　保管员：　　　　　领料主管：　　　　　领料人：

5 材料使用与存储管理

工程暂借用料单　　　　　　　　　　　　　　　　　　表 5-9

班组：＿＿＿＿＿＿＿＿＿＿＿　　　　工程名称：＿＿＿＿＿＿＿＿＿＿

工程量：＿＿＿＿＿＿＿＿＿＿　　　　施工项目：＿＿＿＿＿＿＿＿＿＿

材料名称	规格	计量单位	应发数量	实发数量	原因	领料人

工长：　　　　　　项目经理：　　　　　　发料人：　　　　　　定额员：

工程暂设用料申请单　　　　　　　　　　　　　　　　　表 5-10

单位：＿＿＿＿＿＿＿＿＿＿＿　　　　编号：＿＿＿＿＿＿＿＿＿＿

班组：＿＿＿＿＿＿＿＿＿＿＿　　　　　　　　＿＿＿年＿＿＿月＿＿＿日

材料名称	规格	计量单位	请发数量	实发数量	原因	领料人

工长：　　　　　　项目经理：　　　　　　发料人：　　　　　　定额员：

材料调拨单　　　　　　　　　　　　　　　　　　　　表 5-11

编号：＿＿＿＿＿＿＿＿＿＿＿　　　　　　　　＿＿＿年＿＿＿月＿＿＿日

收料单位：＿＿＿＿＿＿＿＿＿＿　　　发料单位：＿＿＿＿＿＿＿＿＿＿

材料名称	规格型号	单位	总量		单价	总价
			件数	数量		

合计（大写）：

主管：　　　　　　　　收料人：　　　　　　　　发料人：

5.3 材料的发放与耗用

2. 材料发放程序

现场材料发放的主要程序见表 5-12。

材料发放程序　　　　　　　　　　　　　　　　　　　表 5-12

序号	发 放 程 序
1	将施工预算或定额员签发的限额领料单下达到班组。工厂对班组交代生产任务，同时进行用料交底
2	班组料具员凭限额领料单向材料员领料。材料员经核定工程量、材料品种、规格、数量等无误后，交给领料员和仓库保管员
3	班组凭限额领料单领用材料，仓库凭该单据发放材料。发料时应以限额领料单为依据，限量发放，可直接记载在限额领料单上，也可开领料单（见表 5-13），双方签字认证。若一次开出的领料量较大，需多次发放，应在发放记录（见表 5-14）上逐次记录实领数量，由领料人签认
4	当领用数量达到或超过限额数量时，应立即向主管工长和材料部门主管人员说明情况，分析原因，采取措施。若限额领料单不能及时下达，应有由工长填制并由项目经理审批的工程暂借用料单，办理因超耗及其他原因造成多用材料的领发手续

领　料　单　　　　　　　　　　　　　　　　　　　表 5-13

工程名称：_____　　班组：_____　　用途：_____

工程项目：_____　　　　　　_____年_____月_____日

材料编号	材料名称	规格	单位	数量	单价	金额

保管员：　　　　　　　　　领料人：　　　　　　　　　材料员：

发放记录　　　　　　　　　　　　　　　　　　　　　表 5-14

楼号：_____　　　　　　　　　　班组：_____

任务书编号	日期	工程项目	发放量	领料人

保管员：　　　　　　　　　　　　　　　　　　　　主管：

3. 材料发放方法

现场材料主要分为大堆材料、主要材料、成品及半成品。各种材料的发放程序基本相同，发放方法因品种、规格不同而有所不同。

（1）大堆材料

大堆材料一般为砖、瓦、灰、砂、石等，多为露天堆放供使用。此类材料进场、出场均要进行计量检测，一方面保证了工程施工质量，另一方面也保证了材料进出场及发放数量的准确性。

大堆材料应按限额领料单的数量进行发放，同时应做到在指定的料场清底使用。对混凝土、砂浆所使用的砂、石，按配合比进行计量控制发放；也可按混凝土、砂浆不同强度等级的配合比，分盘计算发料的实际数量，同时做好分盘记录和办理发料手续。

（2）主要材料

水泥、钢材以及木材等主要材料通常在库房存放或在指定露天料场和大棚内保管存放。发放时，根据相关技术资料和使用方案，凭限额领料单（任务书）办理领发料。

（3）成品及半成品

混凝土构件、门窗、金属件以及成型钢筋等成品及半成品材料都在指定场地和大棚内存放，由专职人员管理和发放。发放时，凭限额领料单与工程进度办理领发手续。

（4）应注意的问题

对现场材料的管理，需要做好表 5-15 中的几项工作。

现场材料管理应注意的问题　　　　　　表 5-15

序号	应注意的问题
1	必须提高材料员的业务素质和管理水平，熟悉工程概况、施工进度计划、材料性能及工艺要求等，便于配合施工生产
2	根据施工生产需要，按照国家计量法规定，配备足够的计量器具，严格执行材料进场及工艺要求等，便于配合施工生产
3	在材料发放过程中，认真执行定额用料制度，核实材料品种、规格、定额用量及工程量，以免影响施工生产
4	严格执行材料管理制度，大堆材料清底使用，水泥早进早发，装修材料按计划配套发放，以免造成浪费
5	对价值高及易损、易坏、易丢的材料，发放时领发双方须当面点清，签字认证，并做好发放记录
6	实行承包责任制，防止丢失损坏，避免重复领发料现象的发生

5.3.2　材料现场的耗用

1. 材料耗用的依据

现场耗用材料的依据是施工班组、专业施工队持限额领料单（任务书）到材料部门领料时所办理的不同领料手续，通常为领料单和材料调拨单。

2. 材料耗用的程序

现场材料消耗的过程，应根据材料的种类及使用去向，采取不同耗料程序，见表 5-16。

5.3 材料的发放与耗用

材料耗用的程序 表5-16

序号	耗料名称	程序
1	工程耗料	大堆材料、主要材料、成品及半成品等耗料程序为：根据领料凭证（任务书）发出的材料，经过核算，对照领料单进行核实，并按实际工程进度计算材料的实际耗料数量。由于设计变更、工序搭接造成材料超耗的，也要如实记入耗料台账（见表5-17），便于工程结算
2	暂设耗料	暂设耗料包括大堆材料、主要材料及可利用的剩余材料。根据施工组织设计要求，所搭设的设施视同工程用料，要按单独项目进行耗料。按项目经理（工长）提出的用料凭证（任务书）进行核算后，计算出材料的耗料数量。如有超耗也要计算在此耗料成本之内，并且记入耗料台账
3	行政公共设施耗料	根据施工队主管领导或材料主管人员批准的用料计划进行发料，使用的材料一律以外调材料形式进行耗料，单独记入台账
4	调拨材料耗料	调拨材料耗料是在不同工程或部门之间进行的材料调动，标志着材料所属权的转移。不管内部与外调，都应计入台账
5	班组耗料	根据各施工班组和专业施工队的领发料手续（小票），考核各班组、专业施工队是否按工程项目、工程量、材料规格、品种及定额数量进行耗料，并且记入班组耗料台账，作为当月的材料移动月报（见表5-18），如实反映材料的收、发、存情况，为工程材料的核算提供可靠依据

×××耗料台账 表5-17

工程名称：_____ 结构：_____ 层数：_____ 面积：_____

开工日期：____年____月____日 竣工日期：____年____月____日

材料名称	计量单位	包干指标		上面结转		分月耗料数量											
						1		2		3		4		5		...	12
		原指标	调整	预算	实际	预算	实际	预算	实际	预算	实际	预算	实际	预算	实际	预算	实际

材料移动月报　　　　　　　　表 5-18

编制单位：_____　　　　　　　　　　　　　　　____年___月___日

材料名称	规格	计量单位	预算单价	上月结存		本月收入		耗料								本月调出		本月结存	
								1		2		3		合计					
				数量	金额	数量	金额	数量	金额	数量	金额	数量	金额	数量	金额	数量	金额	数量	金额

财务主管：　　　　　材料主管：　　　　　核算员：　　　　　材料员：

在施工过程中，施工班组由于某种原因或特殊情况，发生多领料或剩余材料，都要及时办理退料手续和补领手续，及时冲减账面，调整库存量，保证账物相符，正确反映出工程耗料的真实情况。

3. 材料耗用计算方法

（1）大堆材料

由于大堆材料多露天存放，计数不方便，耗料多采用以下两种方式：

1）定额耗料是按实际完成工程量计算出材料耗用量，并结合盘点，计算出月度耗料数量。

2）按配合比计算耗料方法是根据混凝土、砂浆配合比和水泥消耗量，计算其他材料用量，并按项目逐日记入材料发放记录，到月底累计结算，作为月度耗料数量。有条件的现场，可采取进场划拨，结合盘点进行耗料量计算。

（2）主要材料

主要材料大多库存或集中存放，根据工程进度计算实际耗料数量。

对于水泥的耗料，根据月度实际进度、部位，以实际配合比为依据计算水泥需用量，然后将根据实际使用数量开具的领料小票或按实际使用量逐日记载的水泥发放记录累计结算，作为水泥的耗料数量。对于块材的消耗量，根据月度实际进度、部位，以实际工程量为依据计算块材需用量，然后将根据实际使用数量开具的领料小票或按实际使用量逐日记载的块材发放记录累计结算，作为块材的耗料数量。

（3）成品及半成品

通常采用按工程进度、部位进行耗料，也可按配料单或加工单进行计算，求得与当月进度相适应的数量，作为当月的耗料数量。

如对于金属件或成型钢筋，通常按照加工计划进行验收，然后交班组保管使用，或是按照加工翻样的加工单，分层、分段以及分部位进行耗料。

4. 材料耗用中应注意的问题

现场耗料是保证施工生产、降低材料消耗的重要环节，切实做好现场耗料工作，是搞好项目承包的根本保证。在材料耗用过程中应注意的问题见表 5-19。

在材料耗用过程中应注意的问题 表 5-19

序号	应注意的问题
1	加强材料管理制度，建立健全各种台账，严格执行限额领料和料具管理规定
2	分清耗料对象，按照耗料对象分别计算成本。对于分不清的，例如群体工程同时使用一种材料，可根据实际总用量，按定额和工程进度适当分解
3	严格保管原始凭证，不得任意涂改耗料凭证，以保证耗料数据和材料成本的真实可靠
4	建立相应考核制度，对材料耗用要逐项登记，避免乱摊、乱耗，保证耗料的准确性
5	加强材料使用过程中的管理，认真进行材料核算，按规定办理领发料手续

5. 材料消耗管理

由于施工现场的材料费约占建筑工程造价的 60%，因此，建筑企业成本降低大部分来自材料采购成本的节约和降低材料消耗，特别是现场材料消耗量的降低。对于材料消耗管理，重点应加强现场材料的管理、施工过程的材料管理和配套制度的管理，见表 5-20。

材料消耗的管理 表 5-20

序号	管理项目	管理内容
1	现场材料管理	(1) 加强基础条件管理是降低材料消耗的基本条件 (2) 合理供料、一次就位，减少二次搬运和堆放损失 (3) 开展文明施工，确保现场材料整齐有序 (4) 合理回收利用，修旧利废 (5) 加速料具周转，节约材料资金
2	施工过程材料管理	(1) 节约水泥措施。可通过优化混凝土配合比、合理掺用外加剂、充分利用水泥活性及其富余系数、掺加粉煤灰等措施节约水泥用量； (2) 节约钢材措施。可通过集中下料、合理加工、控制钢筋搭接长度，充分利用短料、旧料，避免以大代小、以优代劣措施节约钢材用量； (3) 木材节约措施。可通过以钢代木、改进模板支撑方法、优材不劣用、长料不短用、以旧料代新料、综合利用等措施节约木材； (4) 块材节约措施。可通过利用非整块材、减少损耗、减少二次搬运等措施节约块材； (5) 砂、石节约措施。可通过集中搅拌混凝土、砂浆，利用三合土代替石子，利用粉煤灰、石屑等材料代替砂子等措施节约砂、石用量
3	配套制度管理	建筑企业在满足具有合理材料消耗定额、材料收发制度、材料消耗考核制度的基础上，在确保工程质量的前提下，可实行材料节约奖励制度。根据事先订立的节约材料奖励办法奖励相关人员

5.4 周转材料的使用管理

周转材料，是指企业能够多次使用、逐渐转移其价值但仍保持原有形态不确认为固定资产的材料，如包装物和低值易耗品；企业（建造承包商）的钢模板、木模板、脚手架和其他周转材料等；在建筑工程施工中可多次利用使用的材料，如钢架杆、扣件、模板、支架等。

5.4.1 周转材料使用管理基础知识

1. 周转材料的分类

周转材料的分类见表 5-21。

周转材料的分类 表 5-21

序号	分类标准	类型	内容
1	按周转材料的用途不同分	模板	模板是指浇灌混凝土用的木模、钢模等，包括配合模板使用的支撑材料、滑膜材料和扣件等在内。按固定资产管理的固定钢模和现场使用固定大模板则不包括在内
		挡板	挡板是指土方工程用的挡板等，包括用于挡板的支撑材料
		架料	架料是指搭脚手架用的竹竿、木杆、竹木跳板、钢管及其扣件等
		其他	其他是指除以上各类之外，作为流动资产管理的其他周转材料，如塔吊使用的轻轨、枕木（不包括附属于塔吊的钢轨）以及施工过程中使用的安全网等
2	按周转材料的自然属性分	钢制品	如钢模板、钢管脚手架等
		木制品	如木脚手架、木跳板、木挡土板、木制混凝土模板等
		竹制品	如竹脚手架、竹跳板等
		胶合板	如竹胶合板、木制胶合板等
3	按周转材料的使用对象分	混凝土工程用周转材料	如钢模板、木模板、竹胶合板等
		结构及装饰工程用周转材料	如脚手架、跳板等
		安全防护用周转材料	如安全网、挡土板等

2. 周转材料的特征

周转材料的特征主要包括以下几点：

（1）周转材料与低值易耗品相类似

周转材料与低值易耗品一样，在施工过程中起着劳动手段的作用，能多次使用而逐渐转移其价值。这些都与低值易耗品相类似。

（2）具有材料的通用性

周转材料一般都要安装后才能发挥其使用价值，未安装时形同材料，为避免混淆，一般应设专库保管。此外，周转材料种类繁多，用量较大，价值较低，使用期短，收发频繁，易于损耗，经常需要补充和更换，因此将其列入流动资产进行管理。

基于周转材料的上述特征，在周转材料的管理与核算上，同用低值易耗品一样，应采用固定资产和材料的管理与核算相结合方法进行。

3. 周转材料使用管理内容

周转材料应进行使用、养护、维修、改制、核算等方面的管理，见表 5-22。

5.4 周转材料的使用管理

周转材料使用管理内容　　　　　　　　　　　　　　　　　　　表 5-22

序号	管理内容	说明
1	使用管理	周转材料的使用管理,是指为了保证施工生产顺利进行或者有助于建筑产品的形成而对周转材料进行拼装、支搭、运用及拆除的作业过程的管理
2	养护管理	周转材料的养护管理,是指例行养护,包括除去灰垢、涂刷隔离剂或防锈剂,以保证周转材料处于随时可投入使用状态的管理
3	维修管理	周转材料的维修管理,是指对损坏的周转材料进行修复,使其恢复或部分恢复原有功能的管理
4	改制管理	周转材料的改制管理,是指对损坏或不可修复的周转材料按照使用和配套要求改变外形的管理
5	核算管理	周转材料的核算管理,是指对周转材料的使用状况进行反映和监督,包括会计核算、统计核算和业务核算三种核算方式。会计核算主要反映周转材料投入和使用的经济效果及其摊销状况,为资金(货币)核算;统计核算主要反映数量规模、使用状况和使用趋势,它是数量核算;业务核算是材料部门根据实际需要和业务特点而进行的核算,它既有资金核算,也有数量核算

5.4.2 周转材料的使用管理方法

周转材料管理方法通常有租赁管理、费用承包管理、实物承包管理。

1. 租赁管理

(1) 租赁概念

租赁是指在一定期限内,产权的拥有方向使用方提供材料的使用权,然而,不改变所有权,双方各自承担一定的义务,履行契约的一种经济关系。

实行租赁制度必须将周转材料的产权集中于企业进行统一管理,这是实行租赁制度的前提条件。

(2) 租赁管理的内容

1) 周转材料费用测算方法。周转材料费用测算应根据周转材料的市场价格变化及摊销额度要求测算租金标准,并使之与工程周转材料费用收入相适应。其测算方法是

$$日租金 = \frac{月摊销费 + 管理费 + 保养费}{月度日历天数} \qquad (5-16)$$

式中,管理费和保养费均按周转材料原值的一定比例计取,通常不超过原值的 2%。

2) 签订租赁合同。签订租赁合同,在合同中应明确的内容见表 5-23。

租赁合同的内容　　　　　　　　　　　　　　　　　　　　表 5-23

序号	内容
1	租赁的品种、规格、数量,并附有租用品明细表以便查核
2	租用的起止日期、租用费用及租金结算方式
3	使用要求、质量验收标准和赔偿办法
4	双方的责任和义务
5	违约责任的追究和处理

3) 考核租赁效果。租赁效果应通过考核出租率、损耗率、年周转次数等指标来评定，针对出现问题，采取措施提高租赁管理水平。

① 出租率：

$$某种周转材料的出租率(\%) = \frac{期内平均出租数量}{期内平均拥有量} \times 100\% \quad (5\text{-}17)$$

式中　$期内平均出租数量 = \frac{期内租金收入(元)}{期内单位租金(元)}$；

期内平均拥有量是以天数为权数的各阶段拥有量的加权平均值。

② 损耗率：

$$某种周转材料的损耗率(\%) = \frac{期内损耗量总金额(元)}{期内出租数量总金额(元)} \times 100\% \quad (5\text{-}18)$$

③ 年周转次数：

$$年周转次数(次/年) = \frac{期内模板支模数量(m^2)}{期内模板平均拥有量(m^2)} \quad (5\text{-}19)$$

(3) 租赁管理方法

1) 租用。项目确定使用周转材料后，应根据使用方案制定需要计划，由专人向租赁部门签订租赁合同，并做好周转材料进入施工现场的各项准备工作，如整理存放及拼装场地等。租赁部门必须按合同保证配套供应并登记周转材料租赁台账，见表5-24。

周转材料租赁台账　　　　　　　　　　　　　　表 5-24

租用单位：_____　工程名称：_____

租用日期	名称	规格型号	计量单位	租用数量	合同终止日期	合同编号

2) 验收和赔偿。租赁部门应对退库周转材料进行外观质量验收。如有丢失损坏应由租用单位按照租赁合同规定赔偿。赔偿标准通常可参照以下原则掌握：

① 对丢失或严重损坏的（指不可修复的，如管体有死弯，板面严重扭曲）按原值的50%赔偿。

② 一般性损坏（指可修复的，如板面打孔、开焊等）按原值的30%赔偿。

③ 轻微损坏（指不使用机械，仅用手工即可修复的）按原值的10%赔偿。

租用单位退租前必须清理租用物品上的灰垢等，确保租用物品干净，为验收创造条件。

5.4 周转材料的使用管理

3) 结算。租金的结算期限通常自提运的次日起至退租之日止,租金按日历天数考核,逐日计取。租用单位实际支付的租赁费用主要包括租金和赔偿费两项。

$$租赁费用(元) = \Sigma[租用数量 \times 相应日租金(元/天) \times 租用天数(天) + 丢失损坏数量 \\ \times 相应原值(元) \times 相应赔偿率(\%)] \quad (5\text{-}20)$$

根据结算结果由租赁部门填制租金及赔偿结算单(表 5-25)。

租金及赔偿结算单　　　　　　　　　　表 5-25

租用单位:_____　　　工程名称:_____
合同编号:_____

名称	规格型号	计量单位	租用数量	租金				赔偿费		金额合计(元)
				退库数量	租用天数(天)	日租金(元/天)	金额(元)	赔偿数量	金额(元)	
合计										

制表:　　　　　　　　租用单位经办人:　　　　　　　　结算日期:

2. 费用承包管理

(1) 费用承包管理的概念

周转材料的费用承包管理是指以单位工程为基础,按照预定的期限和一定的方法测定一个适当的费用额度交由承包者使用,实行节奖超罚的管理。费用承包管理是适应项目管理的一种管理形式,或者说是项目管理对周转材料管理的要求。

(2) 承包费用确定

1) 承包费用的收入。承包费用的收入即承包者所接受的承包额。承包额主要有以下两种确定方法:

① 扣额法。扣额法是指按照单位工程周转材料的预算费用收入,扣除规定的成本降低额后的费用作为承包者的最终费用收入。

② 加额法。加额法是指根据施工方案所确定的费用收入,结合额定周转次数和计划工期等因素所限定的实际使用费用,加上一定的系数额作为承包者的最终费用收入。

系数额是指一定历史时期的平均耗费系数与施工方案所确定的费用收入的乘积。

承包费用收入计算公式如下:

$$扣额法费用收入(元) = 预算费用收入(元) \times [1 - 成本降低率(\%)] \quad (5\text{-}21)$$

$$加额法费用收入(元) = 施工方案确定的费用收入(元) \times (1 + 平均耗费系数) \quad (5\text{-}22)$$

式中　平均耗费系数 $= \dfrac{\text{实际耗用量} - \text{定额耗用量}}{\text{实际耗用量}}$。

2) 承包费用的支出。承包费用的支出是指在承包期限内所支付的周转材料使用费（租金）、赔偿费、运输费、二次搬运费及支出的其他费用之和。

(3) 费用承包管理的内容

费用承包管理的内容见表 5-26。

费用承包管理的内容　　　　　　　　　　　表 5-26

序号	管理内容	说　明
1	签订承包协议	承包协议是对承、发包双方的责、权、利进行约束的内部法律文件。一般包括工程概况，应完成的工程量，需用周转材料的品种、规格、数量及承包费用、承包期限，双方的责任与权利，不可预见问题的处理及奖罚等内容
2	承包额的分析	(1) 首先要分解承包额 承包额确定之后，应进行大概的分解，以施工用量为基础将其还原为各个品种的承包费用，例如将费用分解为钢模板、焊管等品种所占的份额。 (2) 其次要分析承包额 在实际工作中，常常是不同品种的周转材料分别进行承包，或只承包某一品种的费用，这就需要对承包效果进行预测，并根据预测结果提出有针对性的管理措施
3	周转材料进场前的准备工作	根据承包方案和工程进度认真编制周转材料的需用计划，注意计划的配套性（品种、规格、数量及时间的配套），要留有余地，不留缺口。 根据配套数量同企业租赁部门签订租赁合同，积极组织材料进场并做好进场前的各项准备工作，包括选择、平整存放和拼装场地，开通道路等，对狭窄的现场应做好分批进场的时间安排，或事先另选存放场地

(4) 费用承包效果的考核

承包期满后要对承包效果进行严肃认真的考核、结算和奖罚。

承包的考核和结算是指承包费用收、支对比，出现盈余为节约，反之为亏损。如实现节约应对参与承包的有关人员进行奖励。可以按节约额进行金额奖励，也可以扣留一定比例后再予奖励。奖励对象应包括承包班组、材料管理人员、技术人员和其他有关人员。按照各自的参与程度和贡献大小分配奖励份额。若出现亏损，则应按与奖励对等的原则对有关人员进行罚款。费用承包管理方法是目前普遍实行项目经理责任制较为有效的方法，企业管理人员应不断探索有效管理措施，提高承包经济效果。

提高承包经济效果的基本途径主要有：

①在使用数量既定的条件下努力提高周转次数。

②在使用期限既定的条件下努力减少占用量。同时应减少丢失和损坏数量，积极实行和推广组合钢模的整体转移，以减少停滞、加速周转。

3. 实物承包管理

周转材料的实物承包是指项目班子或施工队根据使用方案按定额数量对班组配备周转材料，规定损耗率，由班组承包使用，实行节奖超罚的管理办法。实物承包的主体是施工班组，也称班组定包。

实物承包是费用承包的深入和继续，是保证费用承包目标值的实现和避免费用承包出现断层的管理措施。

(1) 定包数量的确定

以组合钢模为例，说明定包数量的确定方法。

1) 模板用量的确定。根据费用承包协议规定的混凝土工程量编制模板配模图，据此确定模板计划用量，加上一定的损耗量即为交由班组使用的承包数量。公式如下：

$$模板定包数量(m^2)=计划用量(m^2)\times[1+定额损耗率(\%)] \qquad (5-23)$$

式中，定额损耗率通常不超过计划用量的1%。

2) 零配件用量的确定。零配件用量根据模板定包数量来确定。每万平方米模板零配件的用量分别为：

U形卡 140000件，插销 300000件，内拉杆 12000件，外拉杆 24000件，三型扣件 36000件，勾头螺栓 12000件，紧固螺栓 12000件。

$$零配件定包数量(件)=计划用量(件)\times[1+定额损耗率(\%)] \qquad (5-24)$$

式中 $计划用量(件)=\dfrac{模板定包量(m^2)}{10000(m^2)}\times 相应配件用量(件)$。

(2) 定包效果的考核和核算

定包效果的考核主要是损耗率的考核。即用定额损耗量与实际损耗量相比，如有盈余为节约，反之为亏损。如实现节约则全额奖给定包班组，如出现亏损则由班组赔偿全部亏损金额。公式如下：

$$奖(+)罚(-)金额(元)=定包数量(件)\times 原值(元)\times(定额损耗率-实际损耗率)$$
$$(5-25)$$

式中 $实际损耗率(\%)=\dfrac{实际损耗数量}{定包数量}\times 100\%$。

根据定包及考核结果，对定包班组兑现奖罚。

4. 周转材料租赁、费用承包和实物承包三者之间的关系

周转材料的租赁、费用承包以及实物承包是三个不同层次的管理，是有机联系的统一整体。实行租赁办法是企业对工区或施工队所进行的费用控制和管理，实行费用承包是工区或施工队对单位工程或承包标段所进行的费用控制和管理，实行实物承包是单位工程里承包栋号对使用班组所进行的数量控制和管理，这样便形成了既有不同层次、不同对象，又有费用和数量的综合管理体系。降低企业周转的费用消耗，应该同时搞好三个层次的管理。

限于企业的管理水平和各方面的条件，在管理初期，可于三者之间任选其一。如果实行费用承包则必须同时实行实物承包，否则费用承包易出现断层，出现"以包代管"的状况。

5.4.3 常见周转材料的使用管理

1. 木模板的管理

(1) 制作和发放

木模板通常采用统一配料、制作、发放的管理方法。现场需用木模板，须事先提出计划需用量，由木工车间统一配料，发放给使用单位。

(2) 保管

木模板可以多次使用，使用过程中由施工单位负责进行安装、拆卸以及整理等保管维护工作。

木模板的管理主要有"四统一"、"四包"以及模板专业队等形式，见表5-27。

木模板的管理形式　　　　　　　　　　　　　　　　　表5-27

序号	管理形式	内　容
1	"四统一"管理方法	即设立模板配制车间，负责模板的统一管理、统一配料、统一制作、统一回收
2	"四包"管理方法	即班组包制作、包安装、包拆除、包回收
3	模板专业队管理	模板工程由专业承包队进行管理，由其负责统一制作、管理及回收，负责安装和拆除，实行节约有奖、超耗受罚的经济包干责任制

2. 组合钢模板的管理

组合钢模板是按模数制作原理设计、制作的钢制模板。由于其使用时间长、磨损小，在管理和使用中通常采用租赁的方法。

租赁时通常进行如下工作：

(1) 确定管理部门，通常集中在分公司一级。

(2) 核定租赁标准，按日（旬、月）确定各种规格模板及配件的租赁费。

(3) 确定使用中的责任，如由使用者负责清理、整修、涂油、装箱等。

(4) 奖励办法的制定。

租用模板应办理相应的手续，通常签订租用合同，见表5-28。

组合钢模板租用合同　　　　　　　　　　　　　　　　表5-28

供应方：_____

租用方：_____　　　　　　　　___年___月___日

品种	规格	单位	数量	起用日期	停用日期	租用时间（天）	租用金额		备注
							单价（元/天）	合计	

租　方：　　　　　　　　　　　　供方：

经办人：　　　　　　　　　　　　经办人：

注：本合同一式_____份，双方签字盖章后生效。

租赁标准（即租金）应根据周转材料的市场价格变化及摊销要求测算，使之与工程周转材料费用收入相适应。测算公式为：

$$组合钢模板日租金 = \frac{月摊销费 + 管理费 + 保管费}{月度日历天数} \tag{5-26}$$

3. 脚手架料管理

脚手架是建筑施工中不可缺少的周转材料。脚手架种类很多,主要包括木脚手架、竹脚手架、钢管脚手架以及角钢脚手架等。

由于浪费资源及绑扎工艺落后,现在木制、竹制脚手架较少使用。目前,钢制脚手架使用范围较广,且钢制脚手架磨损小,使用期长,多数企业采取租赁的管理方式,集中管理和发放,以提高利用率。

钢制脚手架使用中的保管工作十分重要,是保证其正常使用的先决条件。为防止生锈,钢管要定期刷漆,各种配件要经常清洗上油,延长使用寿命。每使用一次,要清点维修,弯曲的钢管要矫正。拆卸时不允许高空抛摔,各种配件拆卸后要清点装箱,防止丢失。

5.5 工具的使用管理

5.5.1 施工工具的分类

施工工具不仅品种多,而且用量大。建筑企业的工具消耗,通常约占工程造价的2%。因此,搞好工具管理对提高企业经济效益非常重要。

常见施工工具的分类如下:

1. 按工具的价值和使用期限分类

(1) 固定资产类工具

使用期限在1年以上的工具,单价在规定限额(一般为1000元)以上的工具。如50t以上的千斤顶、水准仪。

(2) 低值易耗工具

使用期限不满1年或价值低于固定资产标准的工具。如手电钻、灰桶、苫布、扳手等。

(3) 消耗性工具

价值较低(一般单价在10元以下),使用寿命很短,重复使用次数很少且无回收价值的工具。如扫帚、油刷、铅笔、锯片等。

2. 按使用范围分类

(1) 专用工具

为某种特殊需要或完成特定作用项目所使用的工具。如量卡具、根据需要自制或定制的非标准工具。

(2) 通用工具

广泛使用的定型产品。如扳手、钳子等。

3. 按使用方式和保管范围分类

(1) 个人随手工具

施工中使用频繁、体积小、便于携带、交由个人保管的工具。如砖刀、抹子等。

(2) 班组共用工具

在一定作业范围内为一个或多个施工班组所共同使用的工具。如胶轮车、水桶、水管、磅秤等。

5.5.2 工具施工管理的管理方法

由于工具具有多次使用、在劳动生产中能长时间发挥作用等特点，因此，工具管理的实质是使用过程中的管理，是在保证生产使用的基础上延长使用寿命的管理。工具管理的方法主要有租赁管理、定包管理、工具津贴法以及临时借用管理等方法。

1. 工具租赁管理方法

工具租赁是在一定期限内，工具的所有者在不改变所有权的条件下，有偿地向使用者提供工具的使用权，双方各自承担一定的义务，履行一定契约的一种经济关系。工具租赁的管理方法适合于除消耗性工具和实行工具费补贴的个人随手工具外的所有工具品种。企业对生产工具实行租赁的管理方法，需进行以下工作：

（1）建立正式的工具租赁机构，确定租赁工具的品种范围，制定规章制度，并设专人负责办理租赁业务。班组亦应指定专人办理租用、退租以及赔偿等事宜。

（2）测算租赁单价或按照工具的日摊销费确定日租金额的计算公式为：

$$某种工具的日租金(元) = \frac{该种工具的原值 + 采购、维修、管理费}{使用天数} \qquad (5-27)$$

式中 采购、维修、管理费——按工具原值的一定比例计算，通常为原值的 1%～2%；

使用天数——按企业的历史水平计算。

（3）工具出租者和使用者签订租赁协议（合同），见表 5-29。

工具租赁合同 表 5-29

根据××工程施工需要，租方向供方租用如下一批工具。

名称	规格	单位	需用数	始租数	备 注

租用时间：自____年____月____日起至____年____月____日止，租金标准、结算办法、有关责任事项均按租赁管理办法管理。

本合同一式____份（双方管理部门____份，财务部门____份），双方签字盖章生效，退租结算清楚后失效。

租用单位_____ 供应单位_____

负 责 人_____ 负 责 人_____

　　____年____月____日　　　　　　　　　　____年____月____日

5.5 工具的使用管理

(4) 根据租赁协议,租赁部门将出租工具的有关事项登入租金结算台账,见表5-30。

工具租金结算明细表　　　　　　　　　　　表5-30

施工队:_____　　建设单位:_____　　单位工程名称:_____

工具名称	规格	单位	租用数量	计费时间		计费天数	租金计算(元)	
				起	止		每日	合计
总计				万 千 百 拾 元 角 分				

租金单位:　　　负责人:　　　货单单位:　　　负责人:

　　　　　　　　　　　　　　　　　　　　___年___月___日

(5) 租用期满后,租赁部门根据租金结算台账填写租金及赔偿结算单,见表5-31。如发生工具的损坏、丢失,将丢失损坏金额一并填入该单"赔偿费"栏内。结算单中金额合计应等于租赁费和赔偿费之和。

租金及赔偿结算单　　　　　　　　　　　表5-31

合同编号:_____　　　　本单编号:_____

工具名称	规格	单位	租　金			赔偿费					合计金额
			租用天数	日租金	租赁费	原值	损坏量	赔偿比例	丢失量	赔偿比例	金额

制表:　　　　　材料主管:　　　　　财务主管:

(6) 班组用于支付租金的费用来源是定包工具费收入和固定资产工具及大型低值工具的平均占用费。公式如下：

班组租赁费收入＝定包工具费收入＋固定资产工具和大型低值工具平均占用费

(5-28)

式中　某种固定资产工具和大型低值工具平均占用费＝该种工具摊销额×月利用率（％）。

班组所付租金，从班组租赁费收入中核减，财务部门查收后，作为班组工具费支出，计入工程成本。

2. 工具定包管理方法

工具定包管理即生产工具定额管理、包干使用，是指施工企业对其自由班组或个人使用的生产工具，按定额数量配给，由使用者包干使用，实行节奖超罚的管理方法。

工具定包管理，通常在瓦工组、抹灰工组、木工组、油工组、电焊工组、架子工组、水暖工组以及电工组实行。实行定包管理的工具品种范围，可包括除固定资产工具及实行个人工具费补贴的个人随手工具外的所有工具。

班组工具定包管理是按各工种的工具消耗定额，对班组集体实行定包。实行班组工具定包管理，需进行以下几方面工作：

(1) 实行定包的工具，所有权属于企业。企业材料部门指定专人为材料定包员，专门负责工具定包的管理工作。

(2) 测定各种工程的工具费定额。定额的测定，由企业材料管理部门负责，可以分为以下几步进行：

1) 在向有关人员调查的基础上，查阅不少于 2 年的班组使用工具材料。确定各工种所需工具的品种、规格、数量，并以此作为各工种的标准定包工具。

2) 分别确定各工种工具的使用年限和月摊销费，月摊销费的公式如下：

$$某种工具的月摊销费 = \frac{该种工具的单价}{该种工具的使用期限（月）}$$ (5-29)

式中　工具的单价采用企业内部不变价格，以避免因市场价格的经常波动，影响工具费定额；工具的使用期限，可根据本企业具体情况凭经验确定。

3) 分别测定各工种的日工具费定额，公式为：

$$某工种人均日工具费定额 = \frac{该工种标准定包工具月摊销费总额}{该工种班组额定人数 \times 月工作日}$$ (5-30)

式中　班组额定人数是由企业劳动部门核定的某工种的标准人数，月工作日按 20.5 天计算。

(3) 确定班组月定包工具费收入，公式为：

某工种班组月度定包工具费收入＝班组月度实际作业工日×该工种人均日工具费定额

(5-31)

班组工具费收入可按季或按月，以现金或转账的形式向班组发放，用于班组使用定包工具的开支。

(4) 企业基层材料部门，根据工种班组标准定包工具的品种、规格以及数量，向有关班组发放工具。班组可控标准定包数量足量领取，也可根据实际需要少领。自领用日起，按班组实领工具数量计算摊销，使用期满以旧换新后继续摊销。然而，使用期满后能延长使用时间的工具，应停止摊销收费。凡因班组责任造成工具丢失和因非正常使用造成损坏，由班组承担损失。

（5）实行工具定包的班组需设立兼职工具员，负责保管工具，督促组内成员爱护工具和填写保管手册。

零星工具可按定额规定使用期限，由班组交给个人保管，丢失赔偿。

班组因生产需要调动工作，小型工具自行搬运，不报销任何费用或增加工时，班组确属无法携带需要运输车辆时，由公司出车运送。

企业应参照有关工具修理价格，结合本单位各工种实际情况，指定工具修理取费标准及班组定包工具修理费收入，这笔收入可记入班组月度定包工具费收入，统一发放。

（6）班组定包工具费的支出与结算。此项工作可以分为以下几步进行：

1）根据《班组工具定包及结算台账》（表 5-32），按月计算班组定包工具费支出，公式为：

$$某工种班组月度定包工具费支出 = \sum_{i=1}^{n}(第\,i\,种工具数 \times 该种工具的日摊销费) \times 班组月度实际作业天数 \quad (5-32)$$

式中　某种工具的日摊销费 $= \dfrac{该种工具的月摊销费}{20.5\,天}$。

班组工具定包及结算台账　　　　　表 5-32

班组名称：_____　　　　　　　工种：_____

日期	工具名称	规格	单位	领用数量	工具费支出（元）					盈（＋）亏（－）金额（元）
					小计	定包支出	租赁费	赔偿费	其他	

2）按月或按季结算班组定包工具费收支额，公式为：

$$某工种班组月度定包工具费收支额 = 该工种班组月度定包工具费收入 - 月度定包工具费支出 - 月度租赁费用 - 月度其他支出 \quad (5-33)$$

式中　租赁费若班组已用现金支付，则此项不计。

其他支出包括应扣减的修理费和丢失损失费。

3）根据工具费结算结果，填制工具定包结算单（表 5-33）。

工具定包结算单　　　　　　　　　　　　　　表 5-33

班组名称：_____　　　　　　　工种：_____

月份	工具费收入（元）	工具费支出（元）					盈(＋)亏(一)金额(元)	奖罚金额（元）
		小计	定包支出	租赁费	赔偿费	其他		

制表：　　　　　　班组：　　　　　　财务：　　　　　　主管：

（7）班组工具费结算若有盈余，为班组工具节约，盈余额可全部或按比例作为工具节约奖，归班组所有；若有亏损，则由班组负担。企业可将各工种班组实际定包工具费收入作为企业的工具费开支，记入工程成本。

企业每年年终应对工具定包管理效果进行总结分析，找出影响因素，提出有针对性的处理意见。

3. 工具津贴法

工具津贴法是指对于个人使用的随手工具，由个人自备，企业按实际作业的工日发给工具磨损费。

目前，施工企业对瓦工、木工以及抹灰工等专业工种的本企业工人所使用的个人随手工具，实行个人工具津贴费管理方法，该方法使工人有权自选顺手工具，有利于加强维护保养，延长工具使用寿命。

确定工具津贴费标准的方法为：根据一定时期的施工方法和工艺要求，确定随手工具的范围和数量，然后测算分析这部分工具的历史消耗水平，在这个基础上，制定分工种的作业工日个人工具津贴费标准。再根据每月实际作业工日，发给个人工具津贴费。

凡实行个人工具津贴费的工具，单位不再发给，施工中需用的这类工具，由个人负责购买、维修和保管。丢失、损坏由个人负责。

学徒工在学徒期不享受工具津贴，由企业一次性发给需用的生产工具。学徒期满后，将原领工具按质折价卖给个人，再享受工具津贴。

5.6　材料储备管理

5.6.1　材料储备业务流程

材料储备业务流程指仓库业务活动按一定程序，在时间和空间上进行合理安排和组织，是仓库管理有序地进行。储备业务流程分为入库阶段、储备阶段和发运阶段三个阶段。图 5-8 为材料储备业务流程。

5.6 材料储备管理

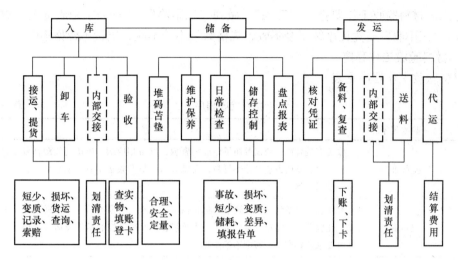

图 5-8 材料储备业务流程

1. 入库阶段

入库阶段包括货物接运、内部交接、验收和办理入库手续等四项工作。

2. 储备阶段

储备阶段指物资保管保养工作，包括安排保管场所、堆码支垫、维护保养、检查与盘点等内容。

3. 发运阶段

发运阶段包括出库、内部交接及运送工作。

材料的装卸搬运作业贯穿于储备业务全过程，它将材料的入库、储备、发运阶段有机地联系起来。

5.6.2 材料验收入库

1. 材料验收工作的基本要求

材料验收工作的基本要求是准确、及时、严肃，见表 5-34。

材料验收工作的基本要求　　　　　　表 5-34

序号	基本要求	内容
1	准确	对于入库材料的品种、规格、型号、质量、数量、包装及价格、成套产品的配套性，认真验收，做到准确无误；执行合同条款的规定，如实反映验收情况，切忌主观臆断和偏见
2	及时	要求材料验收及时，不能拖拉，尽快在规定时间内验收完毕，如有问题及时提出验收记录，以便财务部门办理部分或全部拒付货款；或在 10d 内向供方提出书面异议，过期供方可不受理而视为无问题。一批到货要待全部验收完毕并办清入库手续后才能发放，不能边验边发，但紧急用料另作处理
3	严肃	材料验收人员要有高度的责任感、严肃认真的态度、无私的精神，严格遵守验收制度和手续，对验收工作负全部责任，反对不正之风和不负责任的态度

5 材料使用与存储管理

总之，材料验收工作要把好"三关"，做到"三不收"。"三关"是质量关、数量关、单据关；"三不收"是凭证手续不全不收、规格数量不符不收、质量不合格不收。

2. 材料验收工作程序

材料验收工作程序见表 5-35。

材料验收程序　　　　　　　　　　表 5-35

序号	验收程序	内　　容
1	验收准备	收集有关合同、协议及质量标准等资料；准备相应的、准确的检测计量工具；计划堆放位置、堆码方法及苫垫材料；安排搬运人员及搬运工具；危险品要制定相应的安全防护措施等
2	核对资料	材料验收时要认真核对资料，包括供方发货票、订货合同、产品质量证明书、说明书、化验单、装箱单、磅码单、发货明细表、承运单位的运单及运输记录等。材料验收时要求资料齐全，否则不予验收
3	检验实物	核对资料后进行实物验收。实物验收包括质量检验和数量检查
4	办理入库手续	材料验收质量、数量后，按实收数及时填写材料入库验收单（表 5-36），办理入库手续。入库验收单是采购人员与仓库保管人员划清经济责任界限的凭证，也是随发票报销及记账的依据。在填写材料入库验收单时，必须按《材料目录》中的统一名称、统一材料编号及统一计量单位填写，同时将原发票上的名称及供货单位，在验收单备注栏内注明，以便查核，防止同品种材料多账页和分散堆放，并应及时登账、立卡

材料入库验收单　　　　　　　　　　表 5-36

供应单位：_____　　　　收料仓库：_____
发票号数：_____　　　　材料类别：_____
发货日期：_____　　　　编　　号：_____

材料编号	材料名称	规格	发票数				实收数				短缺		备注
			单位	数量	单价	金额	单位	数量	计划单位	金额	数量	金额	

实际价款合计

附记	运输单位	车种	运单号	距离(km)	起点地址
	运费	装卸费	包装费	其他费	费用小计

主管：　　　　审核：　　　　验收员：　　　　采购员：

5.6 材料储备管理

验收单一式四联：
(1) 库房存（作收入依据）。
(2) 财务（随发票报销）。
(3) 材料部门（计划分配）。
(4) 采购员（存查）。

5.6.3 材料保管与堆放

保管包括库容管理和材料管理、材料的保管。主要是依据材料性能，运用科学方法保持材料的使用价值。

1. 材料的保管场所

建筑施工企业储存材料的场所有库房、库（货）棚和货（料）场三种（表5-37），应根据材料的性能特点选择其保管场所。

材料的保管场所　　　　　表5-37

序号	验收程序	内　容
1	库房	库房，也称封闭式仓库。一般存放怕日晒雨淋、对温湿度及有害气体反应较敏感的材料。钢材中的镀锌板、镀锌管、薄壁电线管、优质钢材等，化工材料中的胶粘剂、溶剂、防冻剂等，五金材料中的各种工具、电线电料、零件配件等，均应在库房保管
2	库（货）棚	库（货）棚，是半封闭式仓库。一般存放怕日晒雨淋而对空气的温度、湿度要求不高的材料。如铸铁制品、卫生陶瓷、散热器、石材制品等，均可在库棚内存放
3	货（料）场	货（料）场，又称露天仓库，是地面经过一定处理的露天堆料场地。存放料场的材料，必须是不怕日晒雨淋，对空气中的温度、湿度及有害气体反应均不敏感的材料，或是虽然受到各种自然因素的影响，但在使用时可以消除影响的材料。如钢材中的大规格型材、普通钢筋和砖、瓦、沙、石、砌块等，可存放在料场

另外有一部分材料对保管条件要求较高的，应存放在特殊库房内。如汽油、柴油、煤油等燃料油，必须是低温保管；部分胶粘剂，冬季必须是保温保管；有毒物品，必须了解其特性，按其要求存放在特殊库房内，进行单独保管。

2. 材料的堆码

材料堆码关系到材料保管中所持的状态，因此，材料堆码应符合表5-38的规定。

材料堆码的要求　　　　　表5-38

序号	堆 码 要 求
1	必须满足材料性能的要求
2	必须保证材料的包装不受损坏，垛形整齐，堆垛牢固、安全
3	尽量定量存放，便于清点数量和检查质量
4	保证装卸搬运方便、安全，便于贯彻"先进先出"的原则
5	有利于提高堆码作业的机械化水平
6	在贯彻上述要求的前提下，尽量提高仓库利用率

5.6.4 易燃、易爆、易损及有毒有害材料的储存

易燃易爆化学物品的储存应按照消防法规要求，选择储存场所，根据储存物品的性质

选择储存方式，并加强储存物品的日常养护、管理，作好出、入库登记工作，以确保易燃易爆物品储存的消防安全。

1. 建筑条件

易燃易爆化学物品的储存建筑应符合《建筑设计防火规范》（GB 50016—2006）的要求，库房耐火等级不低于三级。

2. 库房条件

易燃易爆化学物品的储存库房条件应符合表5-39的要求。

库 房 条 件　　　　　　　　　　　　　　表5-39

序号	库 房 条 件
1	储藏易燃易爆商品的库房，应冬暖夏凉、干燥、易于通风、密封和避光
2	根据各类商品的不同性质、库房条件、灭火方法等进行严格的分区、分类、分库存放： （1）爆炸品宜储藏于一级轻顶耐火建筑的库房内； （2）低、中闪点液体、一级易燃固体、自燃物品、压缩气体和液化气体宜储藏于一级耐火建筑的库房内； （3）遇湿易燃物品、氧化剂和有机过氧化物可储藏于一、二级耐火建筑的库房内； （4）二级易燃固体、高闪点液体可储藏于耐火等级不低于三级的库房内

3. 安全条件

易燃易爆化学物品的储存的安全方面的要求见表5-40。

安 全 条 件　　　　　　　　　　　　　　表5-40

序号	安 全 条 件
1	商品避免阳光直射，远离火源、热源、电源，无产生火花的条件
2	除按附录规定分类储存外，以下品种应专库储藏： （1）爆炸品：黑色火药类、爆炸性化合物分别专库储藏； （2）压缩气体和液化气体：易燃气体、不燃气体和有毒气体分别专库储藏； （3）易燃液体均可同库储藏，但甲醇、乙醇、丙酮等应专库储藏； （4）易燃固体可同库储藏，但发孔剂H与酸或酸性物品分别储藏；硝酸纤维素酯、安全火柴、红磷及硫化磷、铝粉等金属粉类应分别储藏； （5）自燃物品：黄磷、烃基金属化合物、浸动、植物油制品须分别专库储藏； （6）遇湿易燃物品专中储藏； （7）一、二级无机氧化剂与一、二级有机氧化剂必须分别储藏，但硝酸铵、氯酸盐类、高锰酸盐、亚硝酸盐、过氧化钠、过氧化氢等必须分别专库储藏

4. 环境卫生条件

（1）库房周围无杂草和易燃物。包装的衬垫物要及时清理。

（2）库房内经常打扫，地面无漏撒商品，保持地面与货垛清洁卫生。

对于价值高、易损坏、易丢失的材料物品，应入库由专人保管。

5.6.5 材料出库程序

材料出库程序见表5-41。

5.6 材料储备管理

材料出库程序 表 5-41

序号	出库程序	内　　容
1	发放准备	材料出库前，应做好计量工具、装卸倒运设备、人力及随货发出的有关证件的准备，根据用料计划或限额领料单，做好发料准备工作，提高材料出库效率
2	核对凭证	材料出库凭证是发放材料的依据，材料出库必须依据材料拨料单、限额领料单、内部转库单发料，要认真审核材料发放地点、单位、品种、规格、数量，并核对签发人的签章及单据有效印章，无误后方可发放。非正式出库凭证一律不得发放。若凭证不实，不能发料
3	备料	凭证经审核无误后，按出库凭证所列材料的品种、规格、数量准备材料
4	复核	为防止发生发放差错，备料后必须复查。首先复查准备材料与出库凭证所列项目是否一致，检查所发材料和凭证所列材料是否吻合，然后复查发放后的材料实存数与账务结存数是否相符，确认无误后再下账改卡
5	点交	无论是内部领料还是外部提料，发放人与领取人都应当面点交清楚。一次领（提）不完的材料，应做出明显标记，并得到领（提）料人的确认，防止差错，分清责任
6	清理	材料发放出库后，应及时清理拆散的垛、捆、箱、盒，部分材料应恢复原包装要求，整理垛位，登卡记账

5.6.6 仓库盘点的内容与方法

1. 盘点内容

仓库盘点的主要内容见表 5-42。

仓库盘点内容 表 5-42

序号	出　库　程　序
1	材料的数量根据账、卡、物逐项查对，核实库存数，做到数量清楚、质量清楚、账表清楚
2	材料质量检查是否变质、报废
3	材料堆放检查材料堆放是否合理，上盖、下垫是否符合要求，四号定位、五五摆放是否达到要求
4	其他如计量工具、安全、保卫、消防等

2. 盘点方法

（1）定期盘点法指月末、季末、年末对仓库材料进行全面盘点的方法。定期盘点应结合仓库检查工作进行，查清库存材料的数量、质量和问题，并提出处理意见。

（2）永续盘点法指每日对有变动的材料及时盘点的方法，即当日复查一次，做到账物相符。

3. 编制盘点报告

对盘点中发现的问题，如材料损失、失盗、盘亏、盘盈、变质、报废等，凡发生数量盈亏者，编制盘点盈亏报告，见表 5-43；凡发生质量降低、损坏的，要编制报损报废报告（表 5-44），按规定及时报上级主管部门处理。根据盘点报告批复意见调整账务并做好善后处理。通过盘点应达到"三清"（即精量清、质量清、账表清）、"三有"（即盈亏有分析、事故差错有报告、调整账表有依据）以及"三对"（账、卡、实物对口）。

5 材料使用与存储管理

材料盘点盈亏报告单　　　　　　　　　　　　　　　　　表 5-43

填报单位：_____　　　　　___年___月___日　第___号

材料名称	单位	账存数量	实存数量	盈（+）亏（-）数量及原因
部门意见				
领导批示				

材料报损报废报告单　　　　　　　　　　　　　　　　　表 5-44

填报单位：_____　　　　　___年___月___日　第___号

材料名称	单位	数量	单价及金额	报损报废原因	技术鉴定处理意见
部门意见					
领导批示					

4. 盘点中发现问题的处理

仓库盘点中发现问题的处理见表 5-45。

5.6 材料储备管理

仓库盘点中的问题处理　　　　　　　　　　　　　　　　　　表 5-45

序号	出　库　程　序
1	盘点中发现数量出现盈亏，且其盈亏量在国家和企业规定的范围之内时，可在盘点报告中反映，不必编制盈亏报告，经业务主管审批后据此调整账务；若盈亏量超过规定范围，除在盘点报告中反映外，还应填"盘点盈亏报告单"，经领导审批后再行处理
2	当库存材料发生损坏、变质等问题时，填"材料报损报废报告单"，并通过有关部门鉴定降等、变质及损坏损失金额，经领导审批后，根据批示意见处理
3	当库房已被判明被盗时，其丢失及损坏材料数量及相应金额，应专项报告，报告保卫部门认真查明，经批示后才能处理
4	当出现晶种规格混串和单价错误时，可查实并经业务主管审批后进行调整
5	库存材料在 1 年以上没有动态，应列为积压材料，编制积压材料清册，报清处理
6	代管材料和外单位寄存材料，应与自有材料分开，分别建账，单独管理

5.6.7　材料储备账务管理

材料储备业务的各环节均有账务管理要求，为及时了解材料到货、使用情况，通常建立一般材料账和低值易耗品账。

1. 记账凭证

材料的记账凭证一般包括以下几种：

（1）材料入库凭证

材料入库凭证包括：验收单、入库单、加工单等。

（2）材料出库凭证

材料出库凭证包括：调拨单、借用单、限额领料单、新旧转账单等。

（3）盘点、报废、调整凭证

盘点、报废、调整凭证包括：盘点盈亏调整单、数量规格调整单、报损报废单等。

2. 记账程序

（1）审核凭证

审核凭证的合法性、有效性。凭证必须是合法凭证，有编号，有材料收发动态指标；能完整反映材料经济业务从发生到结束的全过程情况。临时借条均不能作为记账的合法凭证。合法凭证要按规定填写齐全。如日期、名称、规格、数量、单位、单价、印章要齐全，抬头要写清楚，否则为无效凭证，不能据此记账。

（2）整理凭证

记账前先将凭证分类、分档排列，然后依次序逐项登记。

3. 账册登记

根据账页上的各项指标自左至右逐项登记。已记账的凭证，应加标记，防止重复登账。记账后，对账卡上的结存数要进行验算，即：上期结存＋本项收入－本项发出＝本项结存。

5.6.8 建筑常用材料储备方法

1. 水泥

（1）水泥的合理码放

水泥应入库保管。仓库地坪要高出室外地面 20~30cm，四周墙地面要有防潮措施，码垛时通常码放 10 袋，最高不得超过 15 袋。不同品种、标号和日期要分开码放，并挂牌标明。

如遇特殊情况，水泥需在露天临时存放时，必须有足够的遮垫措施。做到防水、防雨、防潮。散水泥要有固定的容器，既能用自卸汽车进料，又能人工出料。

（2）水泥的保管

水泥储存时间不能太长，出厂后超过 3 个月的水泥，要及时抽样检查，经化验后按重新确定的标号使用，如有硬化的水泥，须经处理后降级使用。水泥应避免与石灰、石膏以及其他易于飞扬的粒状材料同存，以防混杂，影响质量。包装如有损坏，应及时更换以免散失。水泥库房要经常保持清洁，落地灰及时清理、收集、灌装，并应另行收存使用。根据使用情况安排好进料和发料的连接，严格遵守先进先发的原则，防止发生长时间不动的死角。

（3）水泥进场后的保管应注意的问题

水泥进场后的保管应注意的问题见表 5-46。

水泥进场后的保管应注意的问题　　　　　表 5-46

序号	出　库　程　序
1	不同生产厂家、不同品种、不同强度等级和不同出厂日期的水泥应分别堆放，不得混存混放，更不能混合使用
2	水泥的吸湿性大，在储存和保管时必须注意防潮防水。临时存放的水泥要做好上盖下垫，必要时盖上塑料薄膜或防雨布，下垫高离地面或墙面至少 200mm 以上
3	存放袋装水泥，堆垛不宜太高，一般以 10 袋为宜，太高会使底层水泥过重而造成袋包装破裂，使水泥受潮结块。如果储存期较短或场地太狭窄，堆垛可以适当加高，但最多不宜超过 15 袋
4	水泥储存时要合理安排库内出入通道和堆垛位置，以使水泥能够实行先进先出的发放原则。避免部分水泥因长期积压在不易运出的角落里，造成受潮而变质
5	水泥储存期不宜过长，以免受潮变质或引起强度降低。储存期按出厂日期起算，一般水泥为三个月，铝酸盐水泥为两个月，快硬水泥和快凝快硬水泥为一个月。水泥超过储存期必须重新检验，根据检验的结果决定是否继续使用或降低强度等级使用

水泥在储存过程中易吸收空气中的水分而受潮，水泥受潮以后，多出现结块现象，而且烧失量增加，强度降低。对水泥受潮程度的鉴别和处理见表 5-47。

5.6 材料储备管理

受潮水泥的简易鉴别和处理方法　　　　　　　　　　表 5-47

受潮程度	水泥外观	手感	强度降低	处理方法
轻微受潮	水泥新鲜，有流动性，肉眼观察完全呈细粉	用手捏碾无硬粒	强度降低不超过5%	使用不改变
开始受潮	水泥凝有小球粒，但易散成粉末	用手捏碾无硬料	强度降低5%以下	用于要求不严格的工程部位
受潮加重	水泥细度变粗，有大量小球粒和松块	用手捏碾，球粒可成细粉，无硬粒	强度降低15%～20%	将松块压成粉末，降低强度用于要求不严格的工程部位
受潮较重	水泥结成粒块，有少量硬块，但硬块较松，容易击碎	用手捏碾，不能变成粉末，有硬粒	强度降低30%～50%	用筛子筛去硬粒、硬块，降低强度用于要求较低的工程部位
严重受潮	水泥中有许多硬粒、硬块，难以压碎	用手捏碾不动	强度降低50%以上	不能用于工程中

2. 钢材

建筑钢材由于质量大、长度长，运输前必须了解所运建筑钢材的长度和单捆重量，以便于安排车辆和吊车。

如施工现场存放材料的场地狭小，保管设施较差。建筑钢材应按不同的品种、规格分别堆放。钢材中优质钢材，小规格钢材，如镀锌板、镀锌管、薄壁电线管等，作好入库入棚保管，若条件不允许，只能露天存放时，料场应选择在地势较高而又平坦的地面，经平整、夯实、预设排水沟、安排好垛底后方可使用。为避免因潮湿环境而引起钢材表面锈蚀，雨雪季节建筑钢材要用防雨材料覆盖。

钢材在保管中必须分清品种、规格以及材质，保持场地干燥，地面不积水，无污物。施工现场堆放的建筑钢材应注明合格、不合格、在检、待检等产品质量状态，注明钢材生产企业名称、品种、规格、进场日期以及数量等内容，并以醒目标识标明，施工现场应由专人负责建筑钢材的收货与发料。

3. 木材

木材应按材种及规格等不同码放，要便于抽取和保持通风，板、方材的垛顶部要遮盖，以防日晒雨淋。经过烘干处理的木材，应放进仓库。

（1）木材的干燥

木材在加工和使用之前进行干燥处理，可以提高强度，防止收缩、开裂和变形，减小质量以及防腐防虫，从而改善木材的使用性能和寿命。大批量木材干燥以气体介质对流干燥法（如大气干燥法、循环窑干法）为主。

（2）木材的防腐

1）创造不适于真菌寄生与繁殖的条件。原木储存时有干存法与湿存法两种。控制木材含水率，将木材含水率保持于较低的水平，木材因缺乏水分，使得真菌难以生存，即为干存法。将木材含水率保持在很高的水平，木材因缺乏空气，破坏了真菌生存所需的条件，从而达到防腐的目的，即为湿存法或水存法。但对成材储存就只能用干存法。木材构件表面应刷油漆，使木材隔绝空气与水汽。

2) 把木材变成有毒的物质，使其不能作真菌的养料。将化腐剂注入木材中，把木材变为对真菌有毒的物质，使真菌无法寄生。

(3) 木材的防虫

1) 生态防治：结合害虫的生活特性，把需要保护的木材及其制品尽可能避开害虫密集区，避开其生存、活动的最佳区域。从建筑上改善透光、通风和防潮条件，来创造出不利于害虫生存的环境条件。

2) 生物防治：即采用保护害虫的天敌方法防治。

3) 物理防治：用灯光诱捕纷飞的虫蛾或用水封杀。

4) 化学防治：用化学药物杀灭害虫，是木材防虫害的主要方法。

(4) 木材的防火

液状防火浸渍涂料，用于不直接受水作用的构件上。可采用加压浸渍、槽中浸渍、表面喷洒及涂刷等处理方法。

关于木材浸渍等级的要求见表5-48。

木材浸渍等级要求 表5-48

浸渍等级	要　　　求
一级浸渍	保证木材无可燃性
二级浸渍	保证木材缓燃
三级浸渍	在露天火源的作用下，能延迟木材燃烧起火，见表5-49

选择和使用防火浸渍剂成分的规定 表5-49

浸渍剂成分的种类	浸渍等级的要求	每立方米木材所用防火浸渍剂的数（以kg计）不得小于	浸渍剂的特性	适用范围
硫酸铵和磷酸铵的混合物	一 二 三	80 48 20	空气相对湿度超过80%时易吸湿；能降低木材强度10%～15%	空气相对湿度在80%以下时，浸渍厚度在50mm以内的木制构件
硫酸铵和磷酸铵与火油类成酸	三	20	不吸湿；不降低木材强度	在不直接受潮湿作用的构件中，用作表面浸渍

注：1. 防火剂配制成分应根据提高建筑物木构件防火性能的有关规程来决定。
　　2. 根据专门规范指示并试验合格的其他防火剂亦可采用。
　　3. 为防止木材的燃烧和腐朽，可于防火涂料中添加防腐剂（氟化钠等）。

4. 块材

块料应按不同的品种、规格和等级分别堆放，垛身要稳固、计数必须方便。有条件时，块料可存放在料棚内，若采用露天存放，则堆放的地点必须坚实、平坦和干净，场地四周应预设排水沟、垛与垛之间应留有走道，以利搬运。堆放的位置既要考虑到不影响建筑物的施工和道路畅通，又要考虑到不要离建筑物太远，以免造成运输距离过长或二次搬运。空心砌块堆放时孔洞应朝下，雨雪季节块料宜用防雨材料覆盖。

自然养护的混凝土小砌块和混凝土多孔砖产品，若不满28d养护龄期不得进场使用；蒸压加气混凝土砌块（板）出釜不满5d不得进场使用。

5. 建筑用砂、石

通常应集中堆放在混凝土搅拌机和砂浆机旁，不宜过远。堆放要成方成堆，避免成片。平时要经常清理，并督促班组清底使用。

5.7 库存控制与分析

5.7.1 库存量的控制方法

1. 定量库存控制法

定量库存控制法（也称订购点法）是以固定订购点和订购批量为基础的一种库存控制法。即当某种材料库存量不大于规定的订购点时，即提出订购，每次购进固定的数量。这种库存控制方法具有的特点是：订购点与订购批量固定，订购周期和进货周期不定。订购周期是指两次订购的时间间隔；进货周期是指两次进货的时间间隔。确定订购点是定量控制中的重要问题。若订购点偏高，将提高平均库存量水平，增加资金占用与管理费支出；订购点偏低则会使供应中断。订购点由备运期间需用量与保险储备量两部分构成。订购点＝备运期间需用量＋保险储备量＝平均备运天数×平均每日需要量＋保险储备量

备运期间指自提出订购到材料进场并能投入使用所需的时间，包括提出订购及办理订购过程的时间、在途运输时间、供货单位发运所需的时间、到货后验收入库时间以及使用前准备时间。实际上每次所需的时间不一定相同，在库存控制中通常按过去各次实际需要备运时间平均计算来求得。

采用定量库存控制法来调节实际库存量时，每次固定的订购量，通常为经济订购批量。定量库存控制法在仓库保管中可采用双堆法（也称分存控制法）。它是将订购点的材料数量从库存总量分出来，单独堆放（或划以明显的标志），当库存量的其余部分用完，只剩下订购点一堆时，应提出订购，每次购进固定数量的材料。还可将保险储备量再从订购点一堆中分出来，即为三堆法、双堆法或三堆法，可以直观地识别订购点，及时订购，简便易行。此控制方法适用于价值较低，用量不大，备运时间较短的材料。

2. 定期库存控制法

定期库存控制法是以固定时间的查库及订购周期为基础的库存量控制方法。它按固定的时间间隔检查库存量，并随即提出订购，订购批量是按照盘点时的实际库存量和下一个进货周期的预计需要量而确定。这种库存量控制方法具有的特征是：订购周期固定，若每次订购的备运时间相同，则进货周期也固定，而订货点和订购批量不固定。

（1）订购批量（进货量）的计算式

订购批量＝订购周期需要量＋备运时间需要量＋保险储备量
　　　　－现有库存量－已订未交量
　　　＝（订购周期天数＋平均备运天数）×平均每日需要量＋
　　　　保险储备量－现有库存量－已订未交量 (5-34)

"现有库存量"是指提出订购时的实际库存量；"已订未交量"是指已经订购并在订购周期内到货的期货数量。在定期库存控制中，保险储备不仅应满足备运时间内需要量的变动，且要满足整个订购周期内需要量的变动。所以对同一种材料来说，定期库存控制法要

比定量库存控制法有更大的保险储备量。

(2) 定量控制与定期控制比较

1) 定量控制的优缺点：

① 优点是能经常掌握库存量动态，及时提出订购，不容易缺料；每次定购量固定，能采用经济订购批量，保管与搬运量稳定；保险储备量较少；盘点与定购手续简便。

② 缺点：订购时间不定，难以编制采购计划；未能突出重点材料；不适用需要量变化大的情况，所以不能及时调整订购批量；不能得到多种材料合并订购的好处。

2) 定期库存订购法的优点、缺点。与定量库存控制法相反。

(3) 两种库存控制法的适用范围

1) 定量库存控制法：单价较低的材料；缺料造成损失大的材料；需要量比较稳定的材料。

2) 期库存控制法：需要量大，要严格管理的主要材料，有保管期限的材料；需要量变化大而且可预测的材料；发货频繁且库存动态变化大的材料。

3. 最高最低储备量控制法

对已核定了材料储备定额的材料，以其最高储备量和最低储备量为依据，采用定期盘点（或永续盘点），使库存量保持于最高储备量和最低储备量之间的范围内。当实际库存量高于最高储备量（或低于最低储备量）时，要积极采取有效措施，使它保持在合理库存的控制范围内，既要避免供应脱节，也要防止其呆滞积压。

4. 警戒点控制法

警戒点控制法是从最高最低储备量控制法演变而来，也是定量控制的又一种方法。为了减少库存，若以最低储备量作为控制依据，常会因来不及采购运输而造成缺料，所以根据各种材料的具体供需情况，规定比最低储备量稍高的警戒点，当库存降到警戒点时，即提出订购，订购数量根据计划需要而定，此控制方法能减少发生缺料现象，可利于降低库存。

5. 类别材料库存量控制

以上的库存控制是对材料具体品种及规格而言，对类别材料库存量，通常用类别材料储备资金定额来控制。材料储备资金是库存材料的货币表现，储备资金定额通常是在确定的材料合理库存量的基础上核定的，要加强储备资金定额管理，就要加强库存控制。以储备资金定额为标准与库存材料实际占用资金数进行比较，如高于（或低于）控制的类别资金定额，应分析原因，并找出问题的症结，以便采取有效的措施。即便没有超出类别材料资金定额，也可能存在库存品种、规格及数量等不合理的因素，如类别中应该储存的品种未储存，有的用量少且储量大，有的规格、质量不对路等，都要进行库存控制。

【例 5-3】 已知某种材料每月需要量是300t，备运时间10d，保险储备量40t，求订购点。

【解】

订购点：$300 \div 30 \times 10 + 40 = 140t$

【例 5-4】 已知某种材料每月订购一次，平均每日需要量是6t，保险储备量40t，备运时间为8d，提出订购时实际库存量为80t，原已订购下月到货的合同有60t。求该种材料下月的订购量。代入公式：

【解】

下月订购量：(30+8)×6+40-80-60=128t

【例 5-5】 某工程需用钢材 100t，工程工期 350d。钢材采购、运输及供应的情况为：平均供应间隔天数为 35d，采购及发运需 2d，运输、验收入库和使用前准备各需 1d。若保险储备天数按材料员出发采购到买回材料能够投入使用的实际所需时间确定，则为保证该工程连续施工，钢材的最高储备量和最低储备量分别是多少？

【解】

(1) 钢材平均每日需用量

$$100/350=0.29t$$

(2) 经常储备定额

$$0.29×[35+(2+1+1+1)]=11.6t$$

(3) 按题意，保险储备天数

$$2+1+1+1=5 \text{ 天}$$

(4) 保险储备定额

$$0.29×5=1.45t$$

(5) 最高储备量

$$10+1.45=11.45t$$

(6) 最低储备量：1.45t

5.7.2 库存分析

为了合理的控制库存，应对库存材料的结构、动态及资金占用等作分析，总结经验并找出问题，及时采取可靠措施，使库存材料始终处于合理控制状态。

1. 库存材料结构分析

库存材料结构分析，是检查材料储存状态是否达到"生产供应好，材料储存低，资金占用少"的可靠方法。

(1) 库存材料储备定额合理率

是对储备状态的分析，有的企业把储备资金下到库，但没有具体下到应储材料品种上，即有可能出现应储的未储，不应储的储了，而储备资金定额还没有超出的假象，使库存材料出现有的多、有的缺、有的用不上等不合理状况，分析储备状态的计算公式是：

$$A=[1-(H+L)/\Sigma]×100\% \tag{5-35}$$

式中 A——库存材料定额合理率；

H——超过最高储备定额的品种项数；

L——低于最低储备定额的品种项数；

Σ——库存材料品种总项数。

(2) 库存材料动态合理率

库存材料动态合理率是考核材料流动状态的指标。材料只有投入使用才能实现其价值。流转越快，则效益越高。长期储存，不但不会创造价值，且要开支保管费用与利息，还要发生变质、削价等损失。计算动态合理率的公式为：

$$B=(T/\Sigma)×100\% \tag{5-36}$$

式中　B——库存材料动态合理率；
　　　T——库存材料有动态的项数；
　　　Σ——库存材料总项数。

通过对储备定额合理率的分析，掌握了库存材料的品种规格余缺及数量的多少，又由动态分析掌握了材料周转快慢与多余积压，使库存品种、数量都处于控制之中。

2. 库存材料储备资金节约率

库存材料储备资金节约率是考核储备资金占用情况的指标。有资金最大占用额和最小占用额之分，由于库存材料数量是变动的，资金也相应变动。库存资金最高（最低）占用额与各种材料最高储备定额（最低储备定额）与材料单价的乘积之和相等。现用最大资金占用额作为上限控制计算储备资金占用额是节约还是超占，其计算公式：

$$Z = [1 - (F \div E)] \times 100\% \tag{5-37}$$

式中　Z——库存资金节约率；
　　　E——核定库存资金定额；
　　　F——检查期库存资金额。

【例 5-6】 已知某企业仓库库存材料品种总计 830 项，一季度检查中发现超过最高储备定额的 43 项，低于最低储备定额的 132 项，求库存材料定额合理率。

【解】

$$A = [1 - (43 + 132) \div 830] \times 100 = 79\%$$

经分析表明，库存材料合理率占 79%，不合理率为 21%。不合理储存的 21% 中，超储的为 5%，有积压的趋势；低于最低储备定额的为 16%，有中断供应的可能。再分析超储和低储的是哪些品种、规格，结合具体情况，采取措施，使库存材料储备定额处于合理控制状态。

【例 5-7】 已知某企业综合仓库，库存总品种、规格为 1290 项，一季度末进行检查，库存材料中有动态的 810 项，求库存材料动态合理率。

【解】

$$B = (810 \div 1290) \times 100\% \approx 63\%$$

经过分析表明，该库有动态的占 63%，无动态的则占 37%。对这部分无动态的库存材料应引起重视，分品种作具体分析，区别对待。若每季度、年度都作这种分析，多余及积压的材料便能得到及时处理，促使材料加速周转。

【例 5-8】 已知某企业钢材库，核定库存资金定额为 95 万元，一季度末检查库存材料资金为 85 万元，求库存资金节约率。

【解】

$$Z = [1 - (85 \div 95)] \times 100\% = 8.9\%$$

说明钢材库存资金节约为 8.9%，如计算中出现负数，表示库存资金超占。库存资金节约率要与库存储备定额合理率、库存材料动态合理率要结合起来分析，将库存资金置于控制之中。

【例 5-9】 已知某施工单位按经常储备定额、保险储备定额和季节储备定额储备工程用料，实践中常发生供应不及时造成停工待料，有时又会超储积压，造成不必要的损失。所以企业材料管理人员通过业务学习，明确了储备量还应根据变化因素进行调整，此后改善了材料储备管理。问题：

(1) 简述实际库存情况变动规律。

(2) 库存量的控制方法有几种？以及前两种方法的适用范围？

【解】

(1) 实际库存情况变动规律：

1) 材料消耗速度不均衡引起的实际库存情况变动：

① 材料消耗速度增大，开始时必定动用保险储备，然后要增加经常储备，补足保险储备。

② 材料消耗速度减小时，经常储备还未用完，进货订货期已到，这时要减少进货批量。

2) 到货日期提前或拖后的变化规律：

① 到货拖后，必定已动用保险储备，这时要先补充保险储备，预计还会拖期的，要加大经常储备。

② 到货提前，使仓库超储，预计今后仍有可能提前的要减少进货批量。

(2) 库存控制的方法及适用范围：

1) 定量库存控制法适用于价值较低，用量不大，且备运时间较短的一般材料。

2) 定期库存控制法：适用于需要量大、应严格管理的主要材料，有保管期限要求的材料，需要量变化大且可以预测的材料以及发货频繁、库存变化大的材料。

3) 其他库存控制方法包括最高最低储备量控制法、警戒点控制法、类别材料库存量控制法等方法。

6 材料统计核算管理

6.1 材料统计核算基础知识

6.1.1 材料核算的概念

材料核算是企业经济核算的重要组成部分。材料核算就是以货币或实物数量的形式，对施工企业材料管理工作中的采购、供应、储备以及消耗等项业务活动进行记录、计算、比较和分析，从而提高材料供应管理水平的活动。

6.1.2 材料核算的基础工作

材料供应核算是施工企业经济核算工作的主要组成部分，材料费用通常占工程造价60%左右，材料的采购供应和使用管理是否经济合理，对企业的各项经济技术指标的完成，特别是经济效益的提高有着重大的影响。因此，施工企业在考核施工生产和经营管理活动时，必须抓住工程材料成本核算、材料供应核算这两个重要的工作环节。进行材料核算应做的基础工作见表6-1。

材料核算应做的基础工作　　　　　　　　　　表6-1

序号	基础工作	内　　容
1	要建立和健全材料核算的管理体制	要建立和健全材料核算的管理体制，使材料核算的原则贯穿于材料供应和使用的全过程，做到干什么，算什么，人人讲求经济效果，积极参加材料核算和分析活动。这就需要组织上的保证，把所有业务人员组织起来，形成内部经济核算网，为实行指标分管和开展专业核算奠定组织基础
2	建立健全核算管理制度	要明确各部门、各类人员以及基层班组的经济责任，制定材料申请、计划、采购、保管、收发、使用的办法、规定和核算程序。把各项经济责任落实到部门、专业人员和班组，保证实现材料管理的各项要求
3	重视经营管理基础工作	经营管理基础工作主要包括材料消耗定额、原始记录、计量检测报告、清产核资和材料价格等。材料消耗定额是计划、考核、衡量材料供应与使用是否取得经济效果的标准。 (1) 原始记录是反映经营过程的主要凭据； (2) 计量检测是反映供应、使用情况和记账、算账、分清经济责任的主要手段； (3) 清产核资是摸清家底，弄清财、物分布占用，进行核算的前提； (4) 材料价格是进行考核和评定经营成果的统一计价标准

6.2 材料核算的基本方法

6.2.1 工程成本的核算方法

工程成本核算是指对企业已完工程的成本水平，执行成本计划的情况进行比较，是一种既全面而又概略的分析。工程成本按其在成本管理中的作用有三种表现形式，见表6-2。

工程成本的表现形式 表6-2

序号	基础工作	内 容
1	预算成本	预算成本是根据构成工程成本的各个要素，按编制施工图预算的方法确定的工程成本，是考核企业成本水平的重要标尺，也是结算工程价款、计算工程收入的重要依据
2	计划成本	企业为了加强成本管理，在施工生产过程中有效地控制生产耗费，所确定的工程成本目标值。计划成本应根据施工图预算，结合单位工程的施工组织设计和技术组织措施计划、管理费用计划确定。它是结合企业实际情况确定的工程成本控制额，是企业降低消耗的奋斗目标，是控制和检查成本计划执行情况的依据
3	实际成本	即企业完成建筑安装工程实际发生的应计入工程成本的各项费用之和。它是企业生产耗费在工程上的综合反映，是影响企业经济效益高低的重要因素

工程成本核算，首先是将工程的实际成本同预算成本比较，检查工程成本是节约还是超支。其次是将工程实际成本同计划成本比较，检查企业执行成本计划的情况，考察实际成本是否控制在计划成本之内。无论是预算成本和计划成本，都要从工程成本总额和成本项目两个方面进行考核。在考核成本变动时，要借助成本降低额和成本降低率两个指标。前者用以反映成本节超的绝对额，后者反映成本节超的幅度。

在对工程成本水平和执行成本计划考核的基础上，应对企业所属施工单位的工程成本水平进行考核，查明其成本变动对企业工程成本总额变动的影响程度；同时，应对工程的成本结构、成本水平的动态变化进行分析，考察工程成本结构和水平变动的趋势。此外，还要分析成本计划和施工生产计划的执行情况，考察两者的进度是否同步增长。通过工程成本核算，对企业的工程成本水平和执行成本计划的情况做出初步评价，为深入进行成本分析，查明成本升降原因指明方向。

6.2.2 工程成本材料费的核算

工程材料费的核算反映在以下两个方面：

（1）建筑安装工程定额规定的材料定额消耗量与施工生产过程中材料实际消耗量之间的"量差"。材料部门应按照定额供料，分单位工程记账，分析节约与超支，促进材料的合理使用，降低材料消耗。做到对工程用料，临时设施用料，非生产性其他用料，区别对象划清成本项目。对属于费用性开支非生产性用料，要按规定掌握，不能记入工程成本。对供应两个以上工程同时使用的大宗材料，可按定额及完成的工程量进行比例分配，分别记入单位工程成本。为了抓住重点，简化基层实物量的核算，根据各类工程用料特点，结合班组核算情况，可选定占工程材料费用比重较大的主要材料，如土建工程中的钢材、木材、水泥、砖瓦、砂、石、石灰等按品种核算，施工队建立分工号的实物台账，一般材料则按类核算，掌握队、组用料节超情况，从而找出定额与实耗的量差，为企业进行经济活动分析提供资料。

（2）材料投标价格与实际采购供应材料价格之间的"价差"。工程材料成本盈亏主要核算这两个方面。材料价差的发生，要区别供料方式。供料方式不同，其处理方法也不同。由建设单位供料，按承包商的投标价格向施工单位结算，价格差异则发生在建设单位，由建设单位负责核算。施工单位实行包料，按施工图预算包干的，价格差异发生在施工单位，由施工单位材料部门进行核算，所发生的材料价格差异按合同的规定处理成本。

6.2.3 材料成本的分析

1. 材料成本分析的概念

成本分析就是利用成本数据按期间与目标成本进行比较，找出成本升降的原因，总结经营管理的经验，制定切实可行的措施，加以改进，不断地提高企业经营管理水平和经济效益。

成本分析可以在经济活动的事先、事中或事后进行。在经济活动开展之前，通过成本预测分析，可以选择达到最佳经济效益的成本水平，确定目标成本，为编制成本计划提供可靠依据。在经济活动过程中，通过成本控制与分析，可以发现实际支出脱离目标成本的差异，以便于及时采取措施，保证预定目标的实现。在经济活动完成之后，通过实际成本分析，评价成本计划的执行效果，考核企业经营业绩，总结经验，指导未来。

2. 成本分析方法

成本分析方法很多，如技术经济分析法、比重分析法、因素分析法、成本分析会议等。材料成本分析通常采用的具体方法主要有：

（1）指标对比法

指标对比法是一种以数字资料为依据进行对比的方法。通过指标对比，确定存在的差异，然后分析形成差异的原因。

对比法主要可以分为以下几种：

1）实际指标和计划指标比较。

2）实际指标和定额、预算指标比较。

3）本期实际指标与上期的实际指标对比。

4）企业的实际指标与同行业先进水平比较。

（2）因素分析法

成本指标往往由很多因素构成，因素分析法是通过分析材料成本各构成因素的变动对材料成本的影响程度，找出材料成本节约或超支的原因的一种方法。因素分析法具体有连锁替代法和差额计算法二种：

1）连锁替代法。连锁替代法是以计划指标和实际指标的组成因素为基础，把指标的各个因素的实际数，顺序、连环地去替换计划数，每替换一个因素，计算出替代后的乘积与替代前乘积的差额，即为该替代因素的变动对指标完成情况的影响程度。各因素影响程度之和就是实际数与计划数的差额。

【例 6-1】 假设成本中材料费超支 1400 元，用连锁替代法进行分析。

影响材料费超支的因素有 3 个，即产量、单位产品材料消耗量和材料单价。它们之间的关系可用下列公式表示：

$$材料费总额 = 产量 \times 单位产品材料消耗量 \times 材料单价 \tag{6-1}$$

根据以上因素将有关资料列于表 6-3。

材料费总额组成因素表 表 6-3

指　　标	计　划　数	实　际　数	差　　额
材料费（元）	4000	5400	+1400
产量（m³）	100	120	+120
单位产品材料消耗量（kg）	10	9	−1
材料单价（元）	4	5	+1

【解】

第一次替代，分析产量变动的影响

$$120 \times 10 \times 4 = 4800 \text{ 元}$$
$$4800 - 4000 = 800 \text{ 元}$$

第二次替代，分析材料消耗定额变动的影响

$$120 \times 9 \times 4 = 4320 \text{ 元}$$
$$4320 - 4800 = -480 \text{ 元}$$

第三次替代，分析材料单价变动的影响

$$120 \times 9 \times 5 = 5400 \text{ 元}$$
$$5400 - 4320 = 1080 \text{ 元}$$

分析结果：$800 - 480 + 1080 = 1400$ 元

通过计算，可以看出材料费的超支主要是由于材料单价的提高而引起的。

2）差额计算法。差额计算法是连锁替代法的一种简化形式，它是利用同一因素的实际数与计划数的差额，来计算该因素对指标完成情况的影响。

【例 6-2】 现仍以表 6-3 数字为例分析如下。

【解】

由于产量变动的影响程度：

$$(+20) \times 10 \times 4 = 800 \text{ 元}$$

由于单位产品材料消耗量变动的影响程度：

$$120 \times (-1) \times 4 = -480 \text{ 元}$$

由于单价变动的影响程度：

$$120 \times 9 \times (+1) = 1080 \text{ 元}$$

以上 3 项相加结果：

$$800 + (-4800 + 1080) = 1400 \text{ 元}$$

分析的结果与连锁替代法相同。

(3) 趋势分析法

趋势分析法是将一定时期内连续各期有关数据列表反映并借以观察其增减变动基本趋

势的一种方法。

假设某企业 2000~2004 年各年的某类单位工程材料成本如表 6-4 所示。

单位工程材料成本表（元）　　　　　　　　　表 6-4

年度	2000	2001	2002	2003	2004
单位成本	500	570	650	720	800

表中数据说明该企业某类单位工程材料成本总趋势是逐年上升的，但上升的程度多少，并不能清晰地反映出来。为了更具体地说明各年成本的上升程度，可以选择某年为基年，计算各年的趋势百分比。现假设以 2000 年为基年，各年与 2000 年的比较如表 6-5。

各年单位工程材料成本上升程度比较表　　　　　　　　　表 6-5

年　度	2000	2001	2002	2003	2004
单位成本比率（%）	100	114	130	144	160

从表 6-5 可以看出该类单位工程材料成本在 5 年内逐年上升，每年上升的幅度约是上一年的 15% 左右，这样就可以对材料成本变动趋势有进一步的认识，还可以预测今后成本上升的幅度。

6.3　材料统计核算的内容

6.3.1　材料采购的核算

材料采购的核算，是以材料采购预算成本为基础，与实际采购成本相比较，核算其成本降低额或超耗程度。

1. 材料采购实际成本

材料采购实际成本，是材料在采购和保管过程中所发生的各项费用的总和。它是由材料原价、供销部门手续费、包装费、运杂费、采购保管费五方面因素构成的。组成实际成本的五方面内容，任何一方面，都会直接影响到材料实际成本的高低，进而影响工程成本的高低。因此，在材料采购及保管过程中，力求节约，降低材料采购成本是材料采购核算的重要环节。

市场供应的材料由于货源来自各地，产品成本不一致，运输距离不等，质量情况也参差不齐，为此在材料采购或加工订货时，要注意材料实际成本的核算，做到在采购材料时做各种比较，即同样的材料比质量；同样的质量比价格；同样的价格比运距；最后核算材料成本，尤其是地方大宗材料的价格组成，运费占主要成分，尽量做到就地取材，对减少运输及管理费用尤为重要。

材料实际价格计价，是指对每一材料的收发、结存数量都按其在采购（或委托加工、自制）过程中所发生的实际成本计算单价。其优点是能反映材料的实际成本，准确地核算工程产品材料费用，缺点是每批材料由于买价和运距不等，使用的交通运载工具也不一致，运杂费的分摊十分烦琐，常使库存材料的实际平均单价发生变化，促使日常的材料成本核算工作十分繁重，往往影响核算的及时性。

材料价格通常按实际成本计算，具体方法有先进先出法和加权平均法两种。

(1) 先进先出法

先进先出法是指同一种材料每批进货的实际成本如各不相同时，按各批不同的数量及价格分别记入账册。在发生领用时，以先购入的材料数量及价格先计价核算工程成本，按先后程序依此类推。

(2) 加权平均法

加权平均法是指同一种材料在发生不同实际成本时，按加权平均法求得平均单价，当下一批进货时，又以余额（数量及价格）与新购入的数量、价格做新的加权平均计算，得出的平均价格。

【例 6-3】 某单位××材料成本表见表 6-6，分别采用先进先出法和加权平均法计算材料的成本。

××材料成本表　　　　　　　　　　　　　　　表 6-6

日　期	摘要	数量（件）	单位成本（元）	金额（元）
1 日	期初余额	100	300	30000
3 日	购入	50	310	1550
10 日	生产领用	125		
20 日	购入	200	315	63000
25 日	生产领用	150		

【解】

(1) 先进先出法

10 日生产领用材料的成本：
$$100 \times 300 + 25 \times 310 = 37750 \text{ 元}$$

25 日生产领用材料的成本：
$$25 \times 310 + 125 \times 315 = 47125 \text{ 元}$$

结余材料成本：
$$30000 + 15500 - 37750 + 63000 - 47125 = 23625 \text{ 元}$$

(2) 加权平均法

平均成本：
$$(30000 + 15500 + 63000) \div (100 + 50 + 200) = 310 \text{ 元}$$

结余材料成本：
$$310 \times (100 + 50 - 125 + 200 - 150) = 23250 \text{ 元}$$

2. 材料预算（计划）价格

材料预算价格是由地区建设主管部门颁布的，以历史水平为基础，并考虑当前和今后的变动因素，预先编制的价格。

材料预算价格是地区性的，根据本地区工程分布、投资数额、材料用量、材料来源地、运输方法等因素综合考虑，采用加权平均的计算方法确定。同时对其使用范围也有明确规定，在地区范围以外的工程，则应按规定增加远距离的运费差价，材料预算价格包括从材料来源地起，到达施工现场的工地仓库或材料堆放场地为止的全部价格。材料预算价格由下列五项费用组成：材料原价、供销部门手续费、包装费、采购及保管费。

材料预算价格的计算公式：

$$\text{材料预算价格} = \left(\text{材料原价} + \text{代销部门手续费} + \text{包装费} + \text{运杂费}\right) \times \left(1 + \text{采购及保管费率}\right) - \text{包装品回收值} \quad (6-2)$$

3. 材料采购成本的考核

材料采购成本可以从实物量和价值量两方面进行考核。单项品种的材料在考核材料采购成本时，可以从实物量形态考核其数量上的差异。但企业实际进行采购成本考核，往往是分类或按品种综合考核价值上的"节"与"超"。通常有以下两项考核指标。

（1）材料采购成本降低（超耗）额

材料采购成本降低（超耗）额的计算公式为：

$$\text{材料采购成本降低（超耗）额} = \text{材料采购预算成本} - \text{材料采购实际成本} \quad (6-3)$$

式中，材料采购预算成本为按预算价格事先计算的计划成本支出；材料采购实际成本是按实际价格事后计算的实际成本支出。

（2）材料采购成本降低（超耗）率

材料采购成本降低（超耗）率的计算公式为：

$$\text{材料采购成本降低（超耗）率}(\%) = \frac{\text{材料采购成本降低（超耗）额}}{\text{材料采购预算成本}} \times 100\% \quad (6-4)$$

通过此项指标，考核成本降低或超耗的水平和程度。

【例 6-4】 已知某厂第四季度从四个产地采购四批中砂，甲批 150m³，每立方米采购成本 23.5 元；乙批 200m³，每立方米 23.5 元；丙批 400m³，每立方米 22 元；丁批 250m³，每立方米 23 元。请对该材料进行采购成本考核。

【解】

中砂加权平均成本

$$\frac{150 \times 23.5 + 200 \times 23.5 + 400 \times 22 + 250 \times 23}{150 + 200 + 400 + 250} = 22.78 \text{ 元}/m^3$$

中砂地区预算单价为 24.88 元/m³。

中砂采购成本降低额

$$(24.88 - 22.78) \times 1000 = 2100 \text{ 元}$$

中砂采购成本降低率

$$\left(1 - \frac{22.78}{24.88}\right) \times 100\% = 8.44\%$$

某厂采购中砂四批共 1000m³，共节约采购费用 2130 元，成本降低率达到 8.44%，经济效益尚好。

6.3.2 材料供应的核算

材料供应计划是组织材料供应的依据。它是根据施工生产进度计划，材料消耗定额等进行编制的。施工生产进度计划确定了一定时期内应完成的工程量，而材料供应量是根据工程量乘材料消耗定额，并结合库存、合理储备及综合利用等因素，经平衡后确定的。所以按质、按量、按时配套供应各种材料，是保证施工生产正常进行的基本条件。因此，检查考核材料供应计划的执行情况，主要是检查材料收入执行的情况，反映了材料对生产的保证程度。

6.3 材料统计核算的内容

检查材料收入执行的情况即将一定时期（旬、月、季、年）内的材料实际收入量与计划收入量对比，来反映计划完成情况。通常从以下两个方面考核。

1. 检查材料收入量是否充足

考核各种材料在某一时期内的收入总量是否完成了计划，检查从收入数量上是否达到了施工生产的要求。按式（6-5）计算：

$$\text{材料供应计划完成率}(\%) = \frac{\text{实际收入量}}{\text{计划收入量}} \times 100\% \qquad (6-5)$$

【例 6-5】 已知某建筑施工单位的部分材料收入情况考核见表 6-7。请检查该材料收入量是否充足。

某单位供应材料情况考核表　　表 6-7

材料名称	规格	单位	进料来源	进料方式	进料数量		实际完成情况（%）
					计划	实际	
水泥	42.5	t	××水泥厂	卡车运输	390	429	110
河沙	中砂	m³	材料公司	卡车运输	780	663	85
碎石	5～40mm	m³	材料公司	航运	1560	1636	105

【解】

检查材料收入量是保证生产完成所必需的数量，是保证施工生产能够顺利进行的重要条件。如其收入量不充分，如表 6-7 中河砂的收入量仅完成计划收入量的 85%，会造成一定程度上的材料供应数量不足而导致中断，妨碍施工的正常进行。

2. 检查材料供应的及时性

在分析考核材料供应及时性问题时，需要把时间、数量、平均每天需用量以及期初库存等资料联系起来进行考查。

【例 6-6】 已知表 6-7 中水泥完成情况为 110%，从总量上看满足了施工生产的需要，但从时间上看，供料很不及时，几乎大部分水泥的供应时间集中于中、下旬，影响了上旬施工生产的顺利进行。见表 6-8。请检查材料供应的及时性是否满足要求。

某单位 7 月份水泥供应及时性考核（单位：t）　　表 6-8

进货批数	计划需用量		期初库存储量	计划收入		实际数量		完成计划（%）	对生产保证程度	
	本月	平均每日用量		日期	数量	日期	数量		按日数计	按数量及
	390	15	30						2	30
第一批				1	80	5	45		2	45
第二批				7	80	14	105		7	105
第三批				13	80	19	120		8	120
第四批				19	80	27	159		3	45
第五批				25	70					
					390		420	110	23	345

注：1. 在计算全月工作天数时，以当月的日历天扣除星期休假天进行计算，7 月份日历天为 31 天，假设 7 月 2 日为星期天，则全月共占 5 个休假天。实际工作＝31－5＝26 天

2. 平均每日需用量的计算是以 $\frac{\text{全月需用量}}{\text{实际工作天数}} = \frac{390}{26} = 15\text{t}$。

3. 第一、第二、第三批供货（扣除星期休假天）可延续至 27 日第四批供货的 159t，实际起保证作用的只有 28 日、29 日和 31 日三天（30 日为星期天），(周五工作制同理)。

【解】

从表 6-8 得知，当月的水泥供货总量超额完成了计划，但由于供货不均衡，月初需用的材料集中于后期供应，其结果造成了工程发生停工待料现象，实际收入 429t 中，及时利用于生产建设的水泥只有 345t，停工待料 3d，其供货及时性（对生产的保证程度）的计算公式为：

$$本月供货及时性率(\%) = \frac{实际供货对生产建设具有保证的天数}{全月实际工作天数} \times 100\%$$

$$本月供货及时性率 = \frac{23}{26} \times 100\% = 88.46\%$$

6.3.3 材料储备的核算

为了防止材料的积压（或不足），保证生产的需要，加速资金周转，企业要经常检查材料储备定额的执行情况，分析是否超储（或不足）。

检查材料储备定额的执行情况即将实际储备材料数量（金额）与储备定额数量（金额）进行对比，当实际储备数量超过最高储备定额时，说明材料有超储积压。当实际储备数量低于最低储备定额时，则说明企业材料储备不足，需要动用保险储备。

材料储备一般是企业材料储备管理水平的标志。反映物资储备周转的指标可分为以下两类。

1. 储备实物量的核算

实物量储备的核算是对实物周转速度的核算。核算材料对生产的保证天数及在规定期限内的周转次数和周转 1 次所需天数。其计算公式为：

$$材料储备对生产的保证天数(d) = \frac{期末库存量}{每日平均消耗材料量} \quad (6-6)$$

$$材料周转次数(次) = \frac{某种材料的年度耗用量}{平均库存} \quad (6-7)$$

$$材料周转天数(即储备天数)(d) = \frac{平均库存 \times 日历某年天数}{年度材料耗用量} \quad (6-8)$$

【例 6-7】 已知某建筑企业核定中砂最高储备天数为 5.5 天，某年度 1~12 月耗用中砂 $149200m^3$，其平均库存量为 $3360m^3$，期末库存量为 $4100m^3$，计算其实际储备天数对生产的保证程度及超储或不足供应现状。

【解】

$$实际储备天数 = \frac{平均库存 \times 报告期日历天数}{年度材料耗用量}$$

$$= \frac{3360 \times 360}{149200} = 8d$$

对生产的保证天数

$$\frac{4100/149200}{360} = 7.63d$$

中砂超储情况：

（1）超储天数 = 报告期实际储备天数 － 核定最高生产储备天数
$$= 8 - 5.5 = 2.5d$$

(2) 超储数量＝超额天数×平均每日消耗量

$$=2.5 \times \frac{14328}{360}=1037 \mathrm{m}^3$$

2. 储备价值量的核算

价值形态的检查考核，是把实物数量乘以材料单价，用货币作为综合单位进行综合计算，其好处是能将不同质、不同价格的各类材料进行最大限度地综合，它的计算方法除上述的有关周转速度方面（周转次数、周转天数）均为适用外，还可以从百元产值占用材料储备资金情况及节约使用材料资金方面进行计算考核。其计算式为：

$$百元产值占用材料储备资金 = \frac{定额流动资金中材料储备资金平均数}{年度建筑企业总产值} \times 100 \quad (6-9)$$

流动资金中材料资金节约使用额＝（计划周转天数－实际周转天数）

$$\times \frac{年度材料耗用总额}{360} \quad (6-10)$$

【例 6-8】 某建筑单位全年完成建筑企业总产值 1170.8 万元，年度耗用材料总量为 888 万元，其平均库存为 151.78 万元。核定周转天数为 70d，现要求计算该企业的实际周转次数、周转天数，百元产值占用材料储备资金及节约材料资金等情况。

【解】

(1) 周转次数 = $\frac{年度耗用材料总量}{平均库存量}$

$$= \frac{888}{151.78} = 5.85 \text{ 次}$$

(2) 周转天数 = $\frac{平均库存量 \times 报告期日历天数}{年度材料耗用总量}$

$$= \frac{151.78 \times 360}{888.30} = 61.53 \mathrm{d}$$

(3) 百元产值占用材料储备资金

$$\frac{151.78}{1170.8} \times 100 = 12.96 \text{ 元}$$

(4) 可以节约使用流动资金

$$(70-61.53) \times \frac{888.30}{360} = 20.89 \text{ 万元}$$

6.3.4 材料消耗量的核算

现场材料使用过程的管理主要是按单位工程定额供料及班组耗用材料的限额领料进行管理。前者是按概算定额对在建工程实行定额供应材料；而班组耗用材料的限额领料是在分部分项工程中用施工定额对施工队伍限额领料。施工队伍实行限额领料是材料管理工作的落脚点，也是经济核算、考核企业经营成果的依据。

实行限额领料有利于加强企业经营管理，提高企业管理水平；有利于调动企业广大职工的社会主义积极性，有利于合理地有计划地使用材料；是增产节约的重要手段之一。实行限额领料即要使队伍在使用材料时养成"先算后用"及"边用边算"的习惯，克服"先用后算"或者是"只用不算"的做法。

检查材料消耗情况主要是用材料的实际消耗量与定额消耗量作对比，反映材料节约或浪费情况。因材料的使用情况不同，因而考核材料的节约或浪费的方法也不相同，现就几种情况作叙述：

1. 核算某项工程某种材料的定额与实际消耗情况

某种材料节约（超耗）量计算公式如下：

$$某种材料节约(超耗)量 = 某种材料定额耗用量 - 该项材料实际耗用量 \quad (6-11)$$

上式计算结果为正数，则表示节约；计算结果为负数，则表示超耗。

$$某种材料节约(超耗)率(\%) = \frac{某种材料节约(超耗)量}{该种材料定额耗用量} \times 100\% \quad (6-12)$$

同样，计算结果为正数，则表示节约；计算结果为负数，则表示超耗。

【例 6-9】 已知某工程浇捣墙基 C20 混凝土，每立方米定额用水泥 42.5P.O245kg，共浇捣 24.0m³，实际用水泥 5200kg，计算水泥节约量与水泥节约率。

【解】

（1）水泥节约量：

$$5204 - 245 \times 24.0 = 676 \text{kg}$$

（2）水泥节约率（%）：

$$\frac{578}{245 \times 24.0} \times 100\% = 11.5\%$$

2. 核算多项工程某种材料消耗情况

其节约（或超支）的计算式同上，但某种材料的计划耗用量，也就是定额要求完成一定数量建筑安装工程所需消耗的材料数量按式（6-13）计算：

$$某种材料定额耗用量 = \Sigma(材料消耗定额 \times 实际完成的工程量) \quad (6-13)$$

【例 6-10】 已知某工程浇捣混凝土和砌墙工程均需使用中砂，工程资料见表 6-9。请核算多项工程某种材料消耗情况。

工 程 资 料　　　　　　　　　表 6-9

分部分项 工程名称	完成工程量 （m³）	定额单耗 （m³）	限额用量 （m³）	实际用量 （m³）	节约（—） 超支（+）量 m³	节约（—）超支 （+）率 （%）
M5 砂浆砌砖半外墙	654	325	212.55	205.20	—0.735	—3.98
现浇 C20 混凝土圈梁	245	656	16.07	17.02	+0.095	+5.91
合计	—	—	228.62	222.22	—0.640	—2.80

【解】

根据表 6-9 资料，可以看出两项工程共节约黄砂 0.64m³，节约率为 2.8%。若做进一步分析检查，则砌墙工程节约中砂 3.98%，计 0.735m³；混凝土工程超耗中砂 5.91%，计 0.095m³。

3. 算一项工程使用多种材料的消耗情况

建筑材料有时因使用价值不同，计量单位也不同，不能直接相加进行考核。所以需要利用材料价格作为同度量因素，用消耗量乘材料价格，再加总对比，公式如下：

$$材料节约(+)或超支(-)额 = \Sigma 材料价格 \times (材料实耗量 - 材料定额消耗量) \quad (6-14)$$

【例 6-11】 已知某施工单位用 M5 混合砂浆砌筑一砖外墙工程共 100m³，定额及实际耗料核算检查情况见表 6-10。

材料消耗分析表 表 6-10

材料名称规格	计量单位	消耗数量		材料计划价格（元/kg）	消耗金额		节约(一)超支(+)量(m³)	节约(一)超支(+)率(%)
		应耗	实耗		应耗	实耗		
P.O32.5 水泥	kg	4746	4350	0.293	1390.58	1274.55	116.03	8.34
中砂	m³	331.3	360	28.00	9276.40	10080.00	−803.60	−8.66
石灰膏	kg	3386	4036	0.101	341.99	407.64	−65.65	−19.20
标准砖	块	53600	53000	0.222	11899.2	11766	133.2	1.12
合计	—	—	—	—	22908.17	23528.19	−620.02	−2.71

4. 检查多项分项工程使用多种材料的消耗情况

这类考核检查，适用以单位工程为单位的材料消耗情况，它既可了解分部分项工程以及各单位材料的定额执行情况，又可综合分析全部工程项目耗用材料的效益情况。

【例 6-12】 已知某工程的砖基础、砖外墙、暖气沟墙耗用砖的资料如表 6-11，试检查砖的消耗情况。

砖基础、砖外墙、暖气沟墙耗用砖统计表 表 6-11

分项工程名称	完成工程量（m³）	定额单耗（块/m³）	实耗量（块）
砖基础	300	510	123000
外墙	900	523	462600
暖气沟墙	350	539	190400

【解】

（1）定额耗用量

1）砖基础应耗砖：

$$300 \times 510 = 153000 \text{ 块}$$

2）外墙应耗砖：

$$900 \times 523 = 470700 \text{ 块}$$

3）暖气沟耗砖：

$$350 \times 539 = 188650 \text{ 块}$$

（2）砖的合计用量

1）三项合计应耗用砖：

$$153000 + 470700 + 188650 = 812350 \text{ 块}$$

2）三项合计实际耗用砖：

$$123000 + 462600 + 190400 = 776000 \text{ 块}$$

（3）砖的节约量

$$776000 - 812350 = -36350 \text{ 块（节约）}$$

砖的节约率：

$$\frac{36350}{812350}\times100\%\approx4.47\%$$

（4）分项工程砖的节约数量和节约率

1）砖基础砖的节约量：

$$153000-123000=30000 \text{ 块}$$

2）砖基础砖的节约率：

$$\frac{30000}{153000}\times100\%\approx1.96\%$$

3）外墙砖的节约量：

$$470700-462600=8100 \text{ 块}$$

4）砖基础砖的节约率：

$$\frac{8100}{470700}\times100\%\approx1.72\%$$

5）暖气沟砖的节约量：

$$188650-190400=-1750 \text{ 块}$$

6）暖气沟砖的超耗率：

$$\frac{1750}{188650}\times100\%\approx0.93\%$$

6.3.5 周转材料的核算

因周转材料可多次反复使用于施工过程，所以其价值的转移方式不同于材料的一次性转移，而是分多次转移，一般称为摊销。周转材料的核算以价值量核算为主要内容，核算周转材料的费用收入与支出的差异、摊销。

1. 费用收入

周转材料的费用收入即以施工图为基础，以预算定额为标准，随工程款结算而取得的资金收入。

2. 费用支出

周转材料的费用支出是按施工工程的实际投入量计算的。在对周转材料实行租赁的企业，费用支出为实际支付的租赁费用；在不实行租赁制度的企业，费用支出为按照规定的摊销率所提取的摊销额。

3. 费用摊销

（1）一次摊销法

一次摊销法是指一经使用，其价值为全部转入工程成本的摊销方法。适用于与主件配套使用并独立计价的零配件等。

（2）"五·五"摊销法

指投入使用时，先将其价值的一半摊入工程成本，在报废后再将另一半价值摊入工程成本的摊销方法。适用于价值偏高，不适宜一次摊销的周转材料。

（3）期限摊销法

期限摊销法是按使用期限和单价来确定摊销额度的摊销方法。适用于价值较高、使用期限较长的周转材料。可以按以下方法进行计算：

1) 分别计算各种周转材料的月摊销额，公式如下：

$$某种周转材料÷月摊销额(元)＝[该种周转材料采购原值－预计残余价值(元)]$$
$$÷[该种周转材料预计使用年限×12(月)] \quad (6-15)$$

2) 计算各种周转材料月摊销率，公式如下：

$$某种周转材料月摊销率＝[该种周转材料月摊销额(元)$$
$$÷该种周转材料采购原值(元)]×100\% \quad (6-16)$$

3) 计算月度总摊销额：

$$周转材料月总摊销额＝\Sigma[周转材料采购原值(元)$$
$$×该周转材料月摊销率(\%)] \quad (6-17)$$

6.3.6 工具的核算

1. 费用收入与支出

在施工生产中，工具费的收入是按照框架结构、升板结构、排架结构、全装配结构等不同结构类型，及旅游宾馆等大型公共建筑，分不同檐高（20m以上和以下），用每平方米建筑面积计取。通常，生产工具费用约占工程直接费的2%。

工具费的支出包括购置费、摊销费、租赁费、维修费以及个人工具的补贴费等项目。

2. 工具的账务

施工企业的工具财务管理和实物管理相对应，工具账包括由财务部门建立的财务账和由料具部门建立的业务账二类。

(1) 财务账

1) 总账（一级账）。用货币单位反映工具资金来源及资金占用的总体规模。资金来源是购置、加工制作、从其他企业调入及向租赁单位租用的工具价值总额。资金占用是企业在库及在用的全部工具价值余额。

2) 分类账（二级账）。在总账之下按工具类别所设置的账户，用来反映工具的摊销和余值状况。

3) 分类明细账（三级账）。是针对二级账户的核算内容与实际需要，按工具品种而分别进行设置的账户。

在实际工作中，以上三种账户要平行登记，做到各类费用的对口衔接。

(2) 业务账

总数量账。用来反映企业或单位的工具数量总规模，可在一本账簿中分门别类地登记，也可以按工具的类别分设几个账簿登记。

1) 新品账。也称在库账，用来反映未投入使用的工具的数量，是总数量账的隶属账。

2) 旧品账。也称在用账，用来反映已经投入使用的工具的数量，是总数量账的隶属账。

当由于施工需要使用新品时，按实际领用数量冲减新品账，同时记入旧品账，某种工具在总数量账上的数额，应与该种工具在新品账和旧品账的数额之和相等。当旧品完全损耗，按实际消耗冲减旧品账。

3) 在用分户账。用来反映在用工具的动态和分布情况，是旧品账的隶属账。某种工具在旧品账上的数量，应与各在用分户账上的数量之和相等。

3. 工具费用的摊销

（1）一次摊销法

一次摊销法是指工具一经使用其价值即全部转入工程成本，并通过工程款收入得到一次性补偿的核算方法。一次摊销法适用于消耗性工具。

（2）"五·五"摊销法

与周转材料核算的"五·五"摊销方法相同，在工具投入使用后，先将其价值的一半分摊计入工程成本，在其报废时，再将另一半价值摊入工程成本，通过工程款收入分两次得到补偿。该方法适用于价值较低的中小型低值易耗工具。

（3）期限摊销法

期限摊销法是指按工具使用年限和单价确定每次摊销额度，分多期进行摊销。在每个核算期内，工具的价值只是部分计入工程成本并得到部分补偿。此法适用于固定资产性质的工具及单位价值较高的易耗性工具。

附录 与建筑材料相关的法律、法规

附录 A 《中华人民共和国建筑法》

《中华人民共和国建筑法》(以下简称《建筑法》) 经 1997 年 11 月 1 日第八届全国人大常委会第 28 次会议通过；根据 2011 年 4 月 22 日第十一届全国人大常委会第 20 次会议《关于修改〈中华人民共和国建筑法〉的决定》修正。《建筑法》分总则、建筑许可、建筑工程发包与承包、建筑工程监理、建筑安全生产管理、建筑工程质量管理、法律责任、附则 8 章 85 条，自 1998 年 3 月 1 日起施行。

《建筑法》是规范我国各类房屋建筑及附属设施建造和安装活动的重要法律，它以规范建筑市场行为为出发点，以建筑工程质量和安全为主线，内容包括总则、建筑许可、建筑工程发包与承包、建筑工程监理、建筑工程安全管理、建筑工程质量管理、法律责任、附则。《建筑法》为我国确立了建筑活动中的基本法律制度。

1. 建筑活动中应遵守制度

(1) 建筑工程施工许可制度（第七条至第十一条）。
(2) 从事建筑活动的单位的资质管理制度（第十二条至第十三条）。
(3) 从事建筑活动的专业技术人员执业资格制度（第十四条）。
(4) 建筑工程招标投标制度（第十六条、第十九条至第二十三条）。
(5) 建筑工程监理制度（第三十条至第三十五条）。
(6) 建筑安全生产管理制度（第三十六条）。
(7) 建筑工程安全生产群防群治制度（第三十六条）。
(8) 建筑工程安全生产培训制度（第四十六条）。
(9) 工程事故措施报告制度（第五十一条）。
(10) 工程质量监督检查制度（第五十二条、第六十三条、第七十九条）。
(11) 对从事建筑活动的单位推行质量体系认证制度（第五十三条）。
(12) 建筑工程质量责任制度（第五十四条至第六十条）。
(13) 建筑工程竣工验收制度（第六十一条），
(14) 建筑工程质量保修制度（第六十二条）。

2. 《建筑法》中与材料管理有关的条款

第二十五条 按照合同约定，建筑材料、建筑构配件和设备由工程承包单位采购的，发包单位不得指定承包单位购入用于工程的建筑材料、建筑构配件和设备或者指定生产厂、供应商。

第三十四条 工程监理单位与被监理工程的承包单位以及建筑材料、建筑构配件和设备供应单位不得有隶属关系或者其他利害关系。

第五十六条 设计文件选用的建筑材料、建筑构配件和设备,应当注明其规格、型号、性能等技术指标,其质量要求必须符合国家规定的标准。

第五十七条 建筑设计单位对设计文件选用的建筑材料、建筑构配件和设备,不得指定生产厂、供应商。

第五十九条 建筑施工企业必须按照工程设计要求、施工技术标准和合同的约定,对建筑材料、建筑构配件和设备进行检验,不合格的不得使用。

第七十四条 建筑施工企业在施工中偷工减料的,使用不合格的建筑材料、建筑构配件和设备的,或者有其他不按照工程设计图纸或者施工技术标准施工的行为的,责令改正,处以罚款;情节严重的,责令停业整顿,降低资质等级或者吊销资质证书;造成建筑工程质量不符合规定的质量标准的,负责返工、修理,并赔偿因此造成的损失;构成犯罪的,依法追究刑事责任。

附录 B 《中华人民共和国招标投标法》

《招标投标法》已由中华人民共和国第九届全国人民代表大会常务委员会第十一次会议于 1999 年 8 月 30 日通过,现予公布,自 2000 年 1 月 1 日起施行。

《招标投标法》共六章,六十八条。该法的颁布实施标志着我国的招标投标事业开始步入法制化轨道。《招标投标法》的实施目的在于通过法律手段强化竞争机制,借助公开、公平、公正的招标投标活动,促进生产要素的合理配置。《招标投标法》的颁布实施,对于规范建设工程领域的招标投标活动,保护国家利益、社会公共利益和招标投标活动当事人的合法权益,提高经济效益,保证项目质量,具有深远的历史意义和重大的现实意义。

1. 《招标投标法》中规定的强制招标范围

《招标投标法》第三条规定:在中华人民共和国境内进行下列工程建设项目,包括项目的勘察、设计、施工、监理及与工程建设有关的重要设备、材料等的采购,必须进行招标:

(1) 大型基础设施、公用事业等关系社会公共利益、公众安全的项目。

(2) 全部或者部分使用国有资金投资或者国家融资的项目。

(3) 使用国际组织或者外国政府贷款、援助资金的项目。

根据 2000 年 4 月 4 日国务院批准,2000 年 5 月 1 日国家发展计划委员会发布的《工程建设项目招标范围和规模标准规定》,上述所列项目达到下列标准之一的,必须进行招标:

(1) 施工单项合同估算价在 200 万元人民币以上的。

(2) 重要设备、材料等货物的采购,单项合同估算价在 100 万元人民币以上的。

(3) 勘察、设计、监理等服务的采购,单项合同估算价在 50 万元人民币以上的。

(4) 单项合同估算价低于第(1)、(2)、(3)项规定的标准,但项目总投资额在 3000 万元人民币以上的。

法律或者国务院对必须进行招标的其他项目的范围有规定的,依照其规定。

2. 招标方式

《招标投标法》第十条规定,招标分为公开招标和邀请招标两种方式。公开招标,是招标人在指定的报刊、电子网络或其他媒体上发布招标公告，吸引众多的企业单位参加投标竞争，招标人从中择优选择中标单位的招标方式。邀请招标，也称选择性招标，由招标人根据供应商承包资信和业绩，选择一定数目的法人或其他组织（一般不能少于3家），向其发出投标邀请书，邀请他们参加投标竞争。

3. 关于投标的主要规定

（1）响应招标、参加投标竞争的法人或者其他组织，称为投标人。投标人应当具备承担招标项目的能力；国家有关规定对投标人资格条件或者招标文件对投标人资格条件有规定的，投标人应当具备规定的资格条件。

（2）投标人应当按照招标文件的要求编制投标文件。投标文件应当对招标文件提出的实质性要求和条件做出响应。招标项目属于建设施工的，投标文件的内容应当包括拟派出的项目负责人与主要技术人员的简历、业绩和拟用于完成招标项目的机械设备等。

（3）投标人应当在招标文件要求提交投标文件的截止时间前，将投标文件送达投标地点。投标人在招标文件要求提交投标文件的截止时间前，可以补充、修改或者撤回已提交的投标文件，并书面通知招标人。补充、修改的内容为投标文件的组成部分。投标人根据招标文件载明的项目实际情况，拟在中标后将中标项目的部分非主体、非关键性工作进行分包的，应当在投标文件中载明。

（4）两个以上法人或者其他组织可以组成一个联合体，以一个投标人的身份共同投标。联合体各方均应当具备承担招标项目的相应能力，均应当具备规定的相应资格条件。由同一专业的单位组成的联合体，按照资质等级较低的单位确定资质等级。

（5）投标人不得相互串通投标报价，不得排挤其他投标人的公平竞争；不得损害招标人或者其他投标人的合法权益；投标人不得与招标人串通投标，损害国家利益、社会公共利益或者他人的合法权益。

禁止投标人以向招标人或者评标委员会成员行贿的手段谋取中标。

（6）投标人不得以低于成本的报价竞标，也不得以他人名义投标或者以其他方式弄虚作假，骗取中标。

4. 加强招标投标活动的监督管理

招标投标活动必须遵守法定的规则和程序，做到公开、公平、公正。任何单位和个人不得以任何形式干预依法进行的招标投标活动，不得搞地方和部门保护，限制或者排斥本地区、本系统以外的法人或其他组织参加投标；开标的过程和评标的标准与程序都应当公开，不允许进行任何形式的幕后交易、暗箱操作；禁止投标人以行贿或者相互串通等手段进行不正当的投标竞争。

附录C 《中华人民共和国合同法》

为了保护合同当事人的合法权益，维护社会经济秩序，促进社会主义现代化建设，第九届全国人大二次会议审议通过了《合同法》，该法于1999年10月1日起正式实施，共二十三章，四百二十八条，分总则、分则和附则三个部分，是所有民商法中条款最多的一部法律。其中，总则部分共八章，将各类合同所涉及的共性问题进行了统一规定，包括一般规定、合同的订立、合同的效力、合同的履行、合同的变更和转让、合同的权利义务终止、违约责任和其他规定等内容。分则部分共十五章，分别对买卖合同，供用电、水、气、热力合同，赠与合同，借款合同，租赁合同，融资租赁合同，承揽合同，建设工程合同，运输合同，技术合同，保管合同，仓储合同，委托合同，行纪合同和居间合同进行了具体规定。

1. 合同的定义和应遵循的原则

《合同法》所称合同是平等主体的自然人、法人、其他组织之间设立、变更、终止民事权利义务关系的协议。婚姻、收养、监护等有关身份关系的协议，适用其他法律的规定。合同应遵循以下六项原则：双方平等原则、合同自由原则、公平原则、诚实信用原则、合法与秩序原则、依合同履行义务原则。

2. 合同的内容

合同的内容是指据以确定当事人权利、义务和责任的具体规定，通过合同条款具体体现。按照合同自愿原则，《合同法》规定"合同内容由当事人约定"，同时，为了起到合同条款的示范作用，规定合同条款一般包括以下条款：

（1）当事人的名称或者姓名和住所。

（2）标的。

（3）数量。

（4）质量。

（5）价款或者报酬。

（6）履行期限、地点和方式。

（7）违约责任。

（8）解决争议的方法。

买卖合同的内容还可以包括包装方式、检验标准和方法、结算方式、合同使用的文字及其效力等条款。

3. 建设工程合同的签订、成立、生效、无效及无效处理

（1）合同成立、生效

《合同法》规定，当事人订立合同，采取要约、承诺方式。承诺通知到达要约人时生效，承诺生效时，合同成立；采用合同书形式订立合同的，自双方当事人签订或盖章后合同成立；建设工程合同应当采用书面形式。从上述规定可以看出，通过招标投标的建设工程，施工合同是在中标通知书发出时合同成立，发包人与承包人（总包与分包）在施工合同上签字或盖章后合同生效；不通过招标投标的建设工程施工合同是在当事人在施工合同上签字或盖章后合同成立，依法成立的，合同生效。

（2）合同无效

建设工程施工合同的效力认定直接关系到签约双方的经济利益，以下几种情况可以认定合同无效。

《合同法》第五十二条规定，有下列情形的，合同无效：

1）一方以欺诈、胁迫手段订立合同，损害国家利益。

2）恶意串通，损害国家、集体或第三人利益。

3）以合法形式掩盖非法目的。

4）损害社会公共利益。

5) 违反法律、行政法规的强制性规定。

对那些具有社会危害性的侵权责任，当事人不能通过合同免除其法律责任，即使约定了，也不承认其有法律约束力。《合同法》明确规定了两种无效免责条款：

1) 造成对方人身伤害的。
2) 因故意或者重大过失造成对方财产损失的。

针对上述规定，建设施工合同无效的情形有：

1) 承包人未取得建筑施工企业资质或者超越资质等级的。
2) 没有资质的实际施工者借用有资质的建筑施工企业名义的。
3) 建设工程必须进行招标而未招标或者中标无效的。
4) 承包人非法转包、违法分包建设工程或者没有资质的实际施工者借用有资质的建筑施工企业名义与他人签订建设工程施工合同的。
5) 其他情形。

（3）无效合同的处理

《合同法》第五十八条规定："合同无效或者被撤销后，因该合同取得的财产，应当予以返还；不能返还或者没有必要返还的，应当折价补偿。有过错的一方应当赔偿对方因此所受到的损失，双方都有过错的，应当各自承担相应的责任。"根据上述规定，建设工程合同无效实际上产生相互返还问题，对接受工程的一方，工程是不当得利，应予返还。鉴于工程无法返还，那么只能参照当年适用的工程定额折价补偿。至于补偿的工程款数额与合同约定的工程款数额的差值如何处理，应根据公平原则由双方按过错责任分担比较合理。

4. 买卖合同

买卖合同是出卖人转移标的物的所有权于买受人，买受人支付价款的合同。出卖人应当履行向买受人交付标的物或者交付提取标的物的单证，并转移标的物所有权的义务。出卖人应当按照约定的地点交付标的物，当事人没有约定交付地点或者约定不明确的，可以协议补充；不能达成补充协议的，按照合同有关条款或者交易习惯确定；仍然不能确定的，适用下列规定：

（1）标的物需要运输的，出卖人应当将标的物交付第一承运人以运交给买受人。

（2）标的物不需要运输，出卖人和买受人订立合同时知道标的物在某一地点的，出卖人应当在该地点交付标的物；不知道标的物在某一地点的，应当在出卖人订立合同时的营业地交付标的物。

买受人收到标的物时应当在约定的检验期间内检验。没有约定检验期间的，应当及时检验。当事人约定检验期间的，买受人应当在检验期间内将标的物的数量或者质量不符合约定的情形通知出卖人。买受人怠于通知的，视为标的物的数量或者质量符合约定。当事人没有约定检验期间的，买受人应当在发现或者应当发现标的物的数量或者质量不符合约定的合理期间内通知出卖人。买受人在合理期间内未通知或者自标的物收到之日起两年内未通知出卖人的，视为标的物的数量或者质量符合约定，但对标的物有质量保证期的，适用质量保证期，不适用该两年的规定。出卖人知道或者应当知道提供的标的物不符合约定的，买受人不受前两款规定的通知时间的限制。

出卖人多交标的物的，买受人可以接收或者拒绝接收多交的部分。买受人接收多交部分的，按照合同的价格支付价款；买受人拒绝接收多交部分的，应当及时通知出卖人。

凭样品买卖的当事人应当封存样品，并可以对样品质量予以说明，出卖人交付的标的物应当与样品及其说明的质量相同。凭样品买卖的买受人不知道样品有隐蔽瑕疵的，即使交付的标的物与样品相同，出卖人交付的标的物的质量仍然应当符合同种物的通常标准。

附录 D 《中华人民共和国产品质量法》

为了加强对产品质量的监督管理，提高产品质量水平，明确产品质量责任，保护消费者的合法权益，维护社会经济秩序，1993 年 2 月 22 日第七届全国人大常委会第三十次会议通过了《中华人民共和国产品质量法》（以下简称《产品质量法》），从 1993 年 9 月 1 日起施行。2000 年 7 月 8 日第九届全国人民代表大会常务委员会第十六次会议对其进行了修正。《产品质量法》共六章七十四条，包括总则，产品质量的监督管理，生产者、销售者的产品质量责任和义务，损害赔偿，罚则和附则。适用于在中华人民共和国境内从事的产品生产、销售活动。《产品质量法》所称产品是指经过加工、制作，用于销售的产品。建设工程不适用《产品质量法》规定；但是，建设工程使用的建筑材料、建筑构配件和设备，属于前款规定的产品范围的，适用《产品质量法》规定。

《产品质量法》规定，可能危及人体健康和人身、财产安全的工业产品，必须符合保障人体健康和人身、财产安全的国家标准、行业标准；未制定国家标准、行业标准的，必须符合保障人体健康和人身、财产安全的要求。国家根据国际通用的质量管理标准，推行企业质量体系认证制度。经认证合格的，由认证机构颁发产品质量认证证书，准许企业在产品或者其包装上使用产品质量认证标志。国家对产品质量实行以抽查为主要方式的监督检查制度，对可能危及人体健康和人身、财产安全的产品，影响国计民生的重要工业产品及用户、消费者、有关组织反映有质量问题的产品进行抽查。

《产品质量法》中与材料管理相关的条款如下：

第二十六条生产者应当对其生产的产品质量负责。产品质量应当符合下列要求：

（1）不存在危及人身、财产安全的不合理的危险，有保障人体健康和人身、财产安全的国家标准、行业标准的，应当符合该标准；

（2）具备产品应当具备的使用性能，但是，对产品存在使用性能的瑕疵做出说明的除外；

（3）符合在产品或者其包装上注明采用的产品标准，符合以产品说明、实物样品等方式表明的质量状况。

第二十七条产品或者其包装上的标识必须真实，并符合下列要求：

（1）有产品质量检验合格证明；

（2）有中文标明的产品名称、生产厂厂名和厂址；

（3）根据产品的特点和使用要求，需要标明产品规格、等级、所含主要成分的名称和含量的，用中文相应予以标明；需要事先让消费者知晓的，应当在外包装上标明，或者预先向消费者提供有关资料；

（4）限制使用的产品，应当在显著位置清晰地标明生产日期和安全使用期或者失效日期；

(5) 使用不当,容易造成产品本身损坏或者可能危及人身、财产安全的产品,应当有警示标志或者中文警示说明。

第二十九条 生产者不得生产国家明令淘汰的产品。

第三十条 生产者不得伪造产地,不得伪造或者冒用他人的厂名、厂址。

第三十一条 生产者不得伪造或者冒用认证标志等质量标志。

第三十二条 生产者生产产品,不得掺杂、掺假,不得以假充真、以次充好,不得以不合格产品冒充合格产品。

第五十条 在产品中掺杂、掺假,以假充真、以次充好,或者以不合格产品冒充合格产品的,责令停止生产、销售,没收违法生产、销售的产品,并处违法生产、销售产品货值金额百分之五十以上三倍以下的罚款;有违法所得的,并处没收违法所得;情节严重的,吊销营业执照;构成犯罪的,依法追究刑事责任。

第五十一条 生产国家明令淘汰的产品的,销售国家明令淘汰并停止销售的产品的,责令停止生产、销售,没收违法生产、销售的产品,并处违法生产、销售产品货值金额等值以下的罚款;有违法所得的,并处没收违法所得;情节严重的,吊销营业执照。

附录 E 《建设工程安全生产管理条例》

为了加强建设工程安全生产监督管理,保障人民群众生命和财产安全,根据《建筑法》和《安全生产法》,2003年11月12日国务院第二十八次常务会议通过了《建设工程安全生产管理条例》(以下简称《条例》)。它是《安全生产法》内容在工程建设中的具体化,是我国第一部规范建设工程安全生产的行政法规。主要内容包括:建设工程安全生产管理,必须坚持安全第一、预防为主的方针;建设单位、勘察单位、设计单位、施工单位、工程监理单位及其他与建设工程安全生产有关的单位,必须遵守安全生产法律、法规的规定,保证建设工程安全生产,依法承担建设工程安全生产责任;各级人民政府建设行政主管部门,必须依照《安全生产法》的规定,对建设工程安全生产实施监督管理。《条例》的颁布,标志着建设工程安全生产管理进入法制化、规范化发展的新时期。

1. 施工单位及相关人员的安全责任

《条例》第四章(共十九条)对施工单位负责人员和施工中各个环节的安全生产责任分别作了规定。

(1) 施工单位主要负责人依法对本单位的安全生产工作全面负责。施工单位应当建立健全安全生产责任制度和安全生产教育培训制度,制定安全生产规章制度和操作规程,保证本单位安全生产条件所需资金的投入,对所承担的建设工程进行定期和专项安全检查,并做好安全检查记录。

(2) 施工单位的项目负责人应当由取得相应执业资格的人员担任,对建设工程项目的安全施工负责,落实安全生产责任制度、安全生产规章制度和操作规程,确保安全生产费用的有效使用,并根据工程的特点组织制定安全施工措施,消除安全事故隐患,及时、如实报告生产安全事故。

(3) 专职安全生产管理人员负责对安全生产进行现场监督检查。发现安全事故隐患,应当及时向项目负责人和安全生产管理机构报告;对违章指挥、违章操作的,应当立即制止。

(4) 作业人员应当遵守安全施工的强制性标准、规章制度和操作规程，正确使用安全防护用具、机械设备等。施工单位应当向作业人员提供安全防护用具和安全防护服装，并书面告知危险岗位的操作规程和违章操作的危害。

作业人员有权对施工现场的作业条件、作业程序和作业方式中存在的安全问题提出批评、检举和控告，有权拒绝违章指挥和强令冒险作业。

在施工中发生危及人身安全的紧急情况时，作业人员有权立即停止作业或者在采取必要的应急措施后撤离危险区域。

(5) 施工单位应当在施工现场入口处、施工起重机械作业处、临时用电设施处、脚手架、出入通道口、楼梯口、电梯井口、孔洞口、桥梁口、隧道口、基坑边沿、爆破物及有害危险气体和液体存放处等危险部位，设置明显的安全警示标志。安全警示标志必须符合国家标准。

(6) 施工单位应当在施工现场建立消防安全责任制度，确定消防安全责任人，制定用火、用电、使用易燃易爆材料等各项消防安全管理制度和操作规程，设置消防通道、消防水源，配备消防设施和灭火器材，并在施工现场入口处设置明显标志。

2. 施工单位有关人员的教育和培训

《安全生产法》和《条例》对施工单位有关人员的安全生产教育和培训作了明确的规定：

(1) 施工单位的主要负责人、项目负责人、专职安全生产管理人员应当经建设行政主管部门或者其他有关部门考核合格后方可任职。

(2) 施工单位应当对管理人员和作业人员每年至少进行一次安全生产教育培训，其教育培训情况记入个人工作档案。安全生产教育培训考核不合格的人员，不得上岗。

(3) 作业人员进入新的岗位或者新的施工现场前，应当接受安全生产教育培训。未经教育培训或者教育培训考核不合格的人员，不得上岗作业。

施工单位在采用新技术、新工艺、新设备、新材料时，应当对作业人员进行相应的安全生产教育培训。

参 考 文 献

[1] 行业标准.《建筑与市政工程施工现场专业人员职业标准》(JGJ/T 250—2011)[S].中国建筑工业出版社，2012.
[2] 国家标准.《木结构工程施工质量验收规范》(GB 50206—2012)[S].中国建筑工业出版社，2012.
[3] 国家标准.《砌体结构工程施工质量验收规范》(GB 50203—2011)[S].中国建筑工业出版社，2012.
[4] 国家标准.《天然大理石建筑板材》(GB/T 19766—2005)[S].中国标准出版社，2005.
[5] 国家标准.《低合金高强度结构钢》(GB/T 1591—2008)[S].中国标准出版社，2009.
[6] 国家标准.《天然花岗石建筑板材》(GB/T 18601—2009)[S].中国标准出版社，2010.
[7] 国家标准.《冷弯型钢》(GB/T 6725—2008)[S].中国标准出版社，2009.
[8] 行业标准.《通用水泥质量等级》(JC/T 452—2009)[S].中国建材工业出版社，2010.
[9] 行业标准.《天然花岗石荒料》(JC/T 204—2011)[S].中国建材工业出版社，2012.
[10] 行业标准.《天然大理石荒料》(JC/T 202—2011)[S].中国建材工业出版社，2012.
[11] 袁锐文.施工现场材料管理[M].北京：中国电力出版社，2013.
[12] 卜一德.建筑施工项目材料管理[M].北京：中国建筑工业出版社，2007.